LES
ZONES PASTORALES

PRÉCÉDÉES D'UNE NOTICE

SUR LE TROUPEAU DES ANDREAUX

QUI A OBTENU

Une Médaille d'argent à l'Exposition de 1844 ;
Un Rappel de Médaille d'argent, avec diplôme, en 1849 ;
Une Mention honorable à l'Exposition universelle de Londres, en 1851 ;
Et une Médaille de 2ᵉ classe à l'Exposition universelle de 1855.

PAR A. TERRASSON DE MONTLEAU

ANCIEN DÉLÉGUÉ DE L'ASSOCIATION RURALE DE NAZ, EN ITALIE,
ANCIEN PRÉSIDENT DE LA SOCIÉTÉ D'AGRICULTURE DE LA CHARENTE.

PARIS

IMPRIMERIE DE L. TINTERLIN ET Cᵉ
RUE NEUVE-DES-BONS-ENFANTS, 3.

1858

LES
ZONES PASTORALES

PRÉCÉDÉES D'UNE NOTICE

SUR LE TROUPEAU DES ANDREAUX

QUI A OBTENU

Une Médaille d'argent à l'Exposition de 1844 ;
Rappel de Médaille d'argent, avec diplôme, en 1849 ;
Une Mention honorable à l'Exposition universelle de Londres, en 1851 ;
Et une Médaille de 2ᵉ classe à l'Exposition universelle de 1855.

PAR A. TERRASSON DE MONTLEAU

ANCIEN DÉLÉGUÉ DE L'ASSOCIATION RURALE DE NAZ, EN ITALIE,
ANCIEN PRÉSIDENT DE LA SOCIÉTÉ D'AGRICULTURE DE LA CHARENTE.

* * *

PARIS
IMPRIMERIE DE L. TINTERLIN ET Cᵉ
RUE NEUVE-DES-BONS-ENFANTS, 3.

—

1858

NOTICE

SUR LE TROUPEAU DES ANDREAUX

COMMUNE DE SAINT-ESTÈPHE, ARRONDISSEMENT D'ANGOULÊME

(CHARENTE).

Le troupeau mérinos des Andreaux, fondé en 1811, par Alexandre-René-Gabriel Terrasson de Montleau, ancien page du roi Louis XVI et ancien membre de la Chambre des députés sous la Restauration, doit son origine à des extraits immédiats de race léonaise, choisis sur la route d'Espagne, dans une division de la *Cavagne de l'Infantado*, destinée, à cette époque, à de hauts dignitaires de l'Empire.

Cette bergerie, dont les succès dans la création des laines superfines ont été sanctionnés par quatre récompenses nationales, a puisé dans l'établissement-modèle de Naz ses principaux éléments d'amélioration.

L'influence d'un sol calcaire, en retenant dans des proportions moyennes, chez les sujets de ce troupeau, le développement du corsage, est venue en aide aux moyens que l'art indique pour le progrès de la finesse.

Les toisons de la classe d'élite du troupeau des Andreaux ont obtenu pendant plusieurs années consécutives, après manutention complète au lavoir *à façon* de Croissy, des prix en rapport avec les plus élevés que puissent atteindre les plus belles primes de France et de l'Étranger.

Ce degré de perfectionnement, constaté plus tard à Sedan et à Londres, en plaçant l'éleveur à l'abri des oscillations des cours, est devenu pour lui un puissant mobile d'encouragement.

La recherche des caractères les plus significatifs du mérite de la toison ne l'a nullement détourné du moindre des soins dus à la conquête et au maintien assuré des belles formes, que l'expérience fait chaque jour découvrir dans les types de moyenne taille comme dans ceux de haute stature.

En regard du but à atteindre, la question du prix de revient de chaque produit réalisé, cet important point de vue à peine indiqué dans les publications de la presse agricole contemporaine, n'a point échappé au propriétaire actuel de la bergerie des Andreaux, qui, aujourd'hui comme lorsqu'il en a pris la direction, en 1824, se propose toujours cette double solution exclusive de la haute taille et du poids excessif de la toison à l'état de suint, mais accessible à ses efforts sur le sol qu'il exploite : *laine superfine et viande délicate*.

Il résulte de l'application constante de ce principe, que l'éleveur, en modifiant, selon les convenances locales et les idées reçues dans les hautes régions industrielles, les errements autrefois en vigueur dans la voie qui lui fut ouverte par son père, a toujours réglé la balance du compte annuel de sa bergerie, non par tête comptée au râtelier, mais par kilogramme de fourrage consommé et par hectare de terrain livré au parcours.

Les gages d'émulation indiqués en marge de cette notice, et

obtenus dans les divers concours généraux et universels où les produits de la bergerie des Andreaux ont été présentés en concurrence de ceux des plus beaux troupeaux de l'intérieur et de l'étranger, ne sont pas les seuls titres que l'auteur des *Zones pastorales* offre à la confiance de ses lecteurs. Il a accompli, en 1846, une mission confiée par MM. les directeurs de l'association rurale de Naz, pour fonder dans le royaume des Deux-Siciles une colonie de ce troupeau-modèle.

Sur le rapport de M. le duc de Montebello, alors notre ambassadeur à Naples, et de M. le chevalier Santangelo, ministre de l'intérieur dans le royaume des Deux-Siciles, le roi Ferdinand II a daigné accorder au délégué de l'association de Naz une audience particulière, dans laquelle Sa Majesté, descendant par degrés de l'examen de questions d'un haut intérêt d'économie politique à la demande précise des moindres renseignements de détail, a permis que l'éleveur fît ressortir à ses yeux, avec les explications nécessaires, la supériorité des échantillons de Naz comparés aux mèches de laine recueillies dans les bergeries les plus distinguées de la Pouille, ce foyer de production lainière si remarquable en Europe, parmi ceux où les troupeaux fins sont soumis à la transhumance.

Les vues du roi de Naples allaient recevoir la sanction d'une expérience authentique, dans un établissement de la *Casa reale*, et déjà un noyau de sujets d'élite du troupeau de Naz avait franchi la Méditerranée et surpassé, par sa pureté et sa distinction, toutes les espérances conçues, lorsque la révolution qui a éclaté l'année suivante dans le royaume des Deux-Siciles, est venue remettre à l'état de projet un perfectionnement déjà en voie d'exécution.

Si le cadre ouvert ici au porteur d'une idée de progrès pouvait se prêter à un retour complet sur le passé, des noms plus faits pour rester gravés sur un arc de triomphe que pour être entendus dans une bergerie, y seraient prononcés avec le sentiment profond de déférence qui en suit partout le retentissement.

Le duc de Montebello, le prince de San-Giacomo et le prince Dentice, en prenant sous leur noble patronage une mission qui leur doit sa plus belle phase, ont attaché, sans le vouloir peut-être, au titre des *Zones pastorales*, une marque distinctive.

Mais l'ordre de travail posé devant l'auteur, en le rappelant à une discussion d'intérêts matériels, permet à peine quelques lignes à l'expression de ses sentiments, lorsqu'il est tout entier à l'exposé d'une thèse agricole.

LES ZONES PASTORALES.

PREMIÈRE SECTION.

AUX ÉLEVEURS FRANÇAIS, PROPAGATEURS DU SYSTÈME
DE LA HAUTE FINESSE.

En entrant, il y a treize ans, dans la carrière des concours généraux, en y apportant, à cette époque, le fruit de l'expérience de vingt années employées, sans interruption, au perfectionnement des laines à *carde*, j'ai été frappé, comme vous, de l'urgence d'une répartition plus large et en même temps plus spéciale des encouragements dus aux diverses méthodes appliquées à l'éducation de la race ovine.

Deux systèmes sont en présence : le premier, si nous les plaçons par ordre d'importance, conduit à la haute finesse par l'emploi de l'étalon de moyenne taille, et le second, au poids excessif de la toison à mèche longue et plus ou moins grossière, obtenue sur un sujet de haute stature. Le principe de la coexistence de ces deux types, qui ressort logiquement de l'intelligence des besoins du pays, est une devise que toute administration clairvoyante doit adopter, sauf à laisser à chaque éleveur le soin de lui donner, dans sa pratique, une interprétation relative au degré de fertilité du sol qu'il exploite.

Méconnaître la nécessité de créer chez nous des laines à peigne, au lieu d'en demander aux Anglais, serait une erreur inexcusable ; mais vouloir nier que la nature a posé sur le territoire français des limites fort gênantes dans le choix des lieux où cette création est possible, c'est oublier que le type anglais, qui n'a d'analogue en Europe que dans la race importée des Indes par les Hollandais, est dû au régime des enclos ; que l'isolement et le repos complet sont pour lui des conditions vitales ; qu'il ne faut pas songer à le conserver pur pour peu que l'on tienne à le doter de rusticité ; et que, enfin, il ne supportera jamais, dans nos provinces méridionales, une heure de marche et un rayon de soleil (1).

Si donc, en dehors d'un cercle assez resserré autour de la capitale, notre sol nous refuse ou ne nous

(1) Ce passage, extrait d'un Mémoire sur la question des laines, publié en 1845, et lu à la séance du 15 avril de la même année, à la société d'agriculture de la Charente, qui fit à l'auteur des *Zones pastorales* l'honneur d'adresser ce travail au ministre de l'agriculture, est bon à mettre ici en regard d'un paragraphe du rapport du jury chargé de statuer sur l'exposition de la race ovine au concours général de 1854.

« Du petit nombre de béliers et de brebis de races pures étrangères à « laine longue exposés à Paris en 1854, il faut seulement conclure que « ces races anglaises nous sont, en général, *onéreuses dans leur état de* « *pureté*, comme demandant *un repos et une tranquillité* dont ne jouis- « sent pas, en France, les animaux de l'espèce ovine, *obligés de parcou-* « *rir des champs fort étendus*, plus ou moins éloignés des manoirs, puis « de revenir à la bergerie ou dans des parcs placés sur des terres labou- « rées. »

promet qu'à un prix de revient très-élevé les caractères qui accompagnent les grosses formes et le poids extrême de la toison *en suint*, pourquoi sacrifierions-nous à ces avantages illusoires (puisqu'ils ne s'obtiennent qu'au moyen d'une plus forte consommation relative), pourquoi sacrifierions-nous, dis-je, les idées de progrès qui ont pour but le perfectionnement de cette même dépouille, le plus haut degré d'homogénéité qu'elle puisse atteindre dans ses diverses parties, les limites les plus reculées de son rendement au lavage, et, en un mot, ses éléments les plus décisifs de valeur réelle obtenue au prix de revient le plus bas?

Et, cela posé, nous tournons nos regards vers la meilleure source d'amélioration qui nous soit ouverte, et le type régénérateur adopté fût-il le plus heureusement approprié à la taille de nos brebis indigènes, au degré de richesse de notre parcours et à la marche progressive de notre agriculture, ce type pourrait encore être mal choisi, si le caractère de son lainage ne le plaçait pas, d'emblée, à la hauteur de l'usage le plus impérieusement réclamé par l'industrie manufacturière. Ici, Messieurs, vous ne me laissez sûrement pas le temps d'achever, et vous prévenez l'expression de ma pensée par cette réponse unanime : la laine superfine propre à la fabrication des étoffes foulées, à la draperie proprement dite, nous paraît digne de toute notre attention.

Mais au moment de persévérer dans cette voie, où vous n'avez considéré l'intérêt particulier que comme ressort de la prospérité publique, vous entendez la plupart des organes de la presse agricole exprimer des doutes sur la prééminence du type de laine auquel vous consacrez vos soins. Ces soins, Messieurs, ne peuvent jamais rien perdre de leur importance : quelques développements rendront plus sensibles l'évidence de ce principe.

Les adversaires du progrès de nos laines qui, dans toutes leurs brochures, ne voient la France qu'à Paris, ont imaginé contre un perfectionnement dont ils ne peuvent ni revendiquer l'honneur ni contester les résultats, un système d'attaque qui mériterait un brevet d'invention. Voici leur thème favori :

« Les troupeaux extra-fins, *qui n'existent en France* « *qu'à l'état d'exception*, ne répondent par leurs pro- « duits qu'à *des caprices de luxe*, sur la fixité desquels « le cultivateur prudent ne consentira jamais à asseoir « la base de ses calculs. Leurs toisons, de qualité su- « périeure, *il est vrai*, sont devenues l'apanage des « étrangers ; la production des laines intermédiaires « est aujourd'hui la seule planche de salut pour l'éle- « veur français ; le Nord de l'Europe est désormais « appelé à *rester le foyer* de la production des *laines* « *superfines ;* toute idée *de concurrence* serait *chiméri-* « *que ;* laissons, sans regret *et sans perte appréciable*, « à la Saxe, à l'Autriche, à la Prusse, à la Russie, le « monopole de l'approvisionnement de nos fabriques « françaises ; pour nous, faisons de la viande, et « qu'un sentiment désormais plus avancé des exi- « gences réelles de notre époque nous amène à subs-

« stituer *partout* les fortes races au type extra-fin de
« haute origine qui, en raison de son développement
« tardif, de sa petite taille et enfin de sa toison légère
« et *d'une appréciation trop délicate*, a fait son
« temps dans nos bergeries les plus importantes. »

— A quelle classe de lecteurs, à quel auditoire s'a-
dressent de tels écrits et de tels discours? Est-ce aux
fabricants? Mais, je vous le demande, Messieurs, leur
tiendrait-on un autre langage, si, encore plongée
dans les ténèbres du passé, la France rétrogradait
jusque sous l'empire des lois somptuaires qui, au
huitième siècle, fixaient le prix des étoffes dont chacun
serait vêtu et traitaient le luxe des habits à peu près
comme les lois de Lycurgue traitaient celui de la table?

C'est donc aux éleveurs? Mais alors que dirait-on
de plus si l'herbe croissait dans les rues de Sedan,
d'Elbeuf, de Louviers? si, d'un souffle, d'innombrables rouages qui crient superfinesse restaient muets,
et, qu'à cette même place, où fourmille une population
active, l'archéologie vint interroger des ruines dans
l'enceinte déserte de ces villes manufacturières?

Pour réduire à leur juste valeur des paradoxes
aussi dangereux, il suffit de faire parler la défense
aussi haut que l'accusation.

Lorsque de pareilles assertions sont soutenues,
dans un comice agricole, par des producteurs de laines
intermédiaires, par des hommes du métier, elles
n'offrent pas beaucoup de danger, parce qu'on en
trouve l'explication dans les motifs d'intérêt privé
qui les ont dictées.

Lorsque, sur la foi d'une presse complaisante, elles sont hasardées dans un salon par des gens du monde, par des hommes qui, à défaut de connaissances spéciales sur une thèse qui a peu de juges, apportent dans un débat public le cachet de l'éducation ou quelquefois seulement le poli de la fortune, ces opinions d'emprunt trouvent encore peu d'échos. On conçoit qu'un interlocuteur qui discute à son aise sous le tissu moelleux d'un drap de Sedan, pour ramener l'agriculture française au type de laine à matelas, n'est pas un adversaire bien difficile à convertir; car, lui dira-t-on, de deux choses l'une : faites le sacrifice de votre habit, ou n'allez pas plus loin dans une discussion qui vous exposerait à prendre le Pyrée pour un homme.

Mais lorsque les erreurs capitales acquièrent l'autorité de doctrines enseignées par principes dans des livres destinés à l'étude des propriétaires de troupeaux, ou mises en action dans des concours ouverts à l'émulation des éleveurs, c'est là, Messieurs, que le mal est grave, et qu'au moment où la pénurie de nos existences en laines superfines se traduit par une préoccupation si vive, si générale, il importe de ne pas laisser réduire une question européenne aux minces proportions d'un débat d'intérêt local.

Remonter à l'origine des causes inaperçues qui ont arrêté, en France, la production des laines superfines; démontrer que, surtout en ce qui concerne l'importante division de la laine *à carde*, les agents améliorateurs disponibles pour l'agriculture française sont loin de se trouver, sinon par leur mérite, du moins par leur nombre, en rapport suffisant avec les masses à améliorer; rappeler que le système de la haute finesse n'a jamais été sérieusement représenté dans les bergeries de l'État; saisir et dérouler quelques aperçus de nature à prouver que le déficit de notre production peut être comblé par l'emploi de moyens prompts et énergiques; mettre en lumière un programme dont les bases principales reposent sur ce principe : *place à tous les types, satisfaction à toutes les exigences :* voilà ce que la presse agricole n'enseigne pas; eh bien! c'est ce qu'il faut faire pour elle en tirant de l'examen de ce qui a été fait le programme de ce qui reste à faire.

Je conçois, Messieurs, que le simple exposé, dépouillé de ses accessoires naturels, ne ferait pas fortune devant l'aréopage que j'invoque. La vérité que nous cherchons demande d'autres interprètes que les chiffres. Ces hiéroglyphes de la pensée, qui mettent leur réponse au bout d'un calcul, auront-ils jamais sur les hommes rassemblés l'ascendant irrésistible des faits? Et ces faits seuls, propres à éclairer la question ouverte devant nous, remontent aux travaux de Daubenton. Relions donc dans le même cadre le détail des recherches faites dans le passé à celui des améliorations que le présent nous demande; ce sera prendre la question à sa source; ce sera tirer de son historique même le choix de ses meilleurs éléments de solution, et prouver que les théories que nous allons combattre ne sont pas nouvelles.

De funestes essais, dictés par l'esprit d'agiotage, n'avaient que trop fait connaître, dès les premières années du règne de Louis XV, que si le papier-monnaie n'a de valeur que comme signe fictif de la richesse d'une nation, les produits agricoles sont les éléments réels de son bien-être. L'idée d'affranchir un jour la France du tribut de 30 millions qu'elle payait à l'Espagne pour ses laines, avait déjà été conçue dans le siècle précédent, et avait même occupé Colbert, sans que rien fût fait encore pour la réaliser.

Plus tard, Trudaine mûrit, à son tour, ce vaste projet; et les difficultés dont il était hérissé l'auraient rendu impraticable sans le concours de Daubenton. Trudaine le consulta sur la question de savoir s'il serait possible d'améliorer les laines du crû de France au point de remplacer celles d'Espagne pour la fabrication des draps fins. Daubenton n'hésita pas à se prononcer pour l'affirmative. Ses connaissances profondes en histoire naturelle ne lui permettaient pas de s'égarer. Des expériences authentiques furent faites, et on obtint de M. de Laverdy, alors contrôleur général des finances, les sommes nécessaires à cette vaste entreprise.

Selon les traditions reçues, de premières tentatives d'amélioration, qui remonteraient à l'année 1750, auraient déblayé les premières voies et précédé ainsi de seize ans les travaux de Daubenton. Ces faibles lueurs jetées sur les pas du naturaliste ont-elles réellement existé? Ici, le doute est au moins permis, puisqu'elles n'ont pas laissé de traces appréciables, et que la notoriété publique déclare qu'à son entrée en lice Daubenton trouva le terrain libre. Cette absence de tout résultat effectif, d'aucune tentative d'affinement des laines françaises aurait retranché le système améliorateur dans une position inexpugnable, si M. de Lormoy et l'abbé Carlier, ses contradicteurs les plus prononcés, n'avaient groupé autour de la question ouverte les arguments plus ou moins spécieux d'une controverse animée.

Le réveil de l'Europe industrielle avait sonné. Les premières fabriques du monde demandaient à l'agriculture la plus avancée de l'époque une matière première en rapport avec la richesse des tissus que l'industrie promettait au luxe.

L'Espagne, endormie dans la fausse sécurité d'un monopole qu'elle allait perdre, livrait aux puissances du Nord qui, les premières, se présentaient au concours, ses types imparfaits et cependant regardés alors comme le *nec plus ultrà* du mérite de la toison.

La Suède, la première, sous l'influence d'Hastfer, et plus tard la Saxe, en 1765, répondirent à l'appel de l'industrie manufacturière, et de l'année suivante datent les premiers pas de Daubenton dans la carrière du perfectionnement.

L'Angleterre seule, s'écartant de la route suivie ailleurs, métamorphosait, sous la main puissante de Bakewell, les types espagnols importés par Henry VIII. L'empire que Daubenton allait prendre sur la dépouille du mouton, Bakewell l'imposait à sa forme.

Que voulait Daubenton ?

Constituer, par une longue suite d'alliances consanguines, une race dont les extraits offrissent un jour
toutes les garanties désirables de *constance* de sang ;
maintenir le corsage dans des proportions moyennes
et assignées par la nature, sous l'influence des pâturages secs et rares d'un sol montueux, choisi à des-
sein pour théâtre d'expériences.

Que voulait Bakewell ?

Diminuer, au profit de la masse de chair, le volume
de la charpente osseuse ; ne reconnaître, entre les différentes parties du corps, de place rebelle au perfectionnement voulu que celle qui se refuserait à la production de la viande ; et, dans ce but, rapetisser la
tête du mouton au point de la faire disparaître, pour
ainsi dire, entre deux larges épaules ; et, enfin, pour-
voir l'animal de jambes courtes et grêles qui, aux
dépens de la rusticité et de la faculté de locomotion,
semblassent fléchir sous le poids d'un corps énorme et
cylindrique.

De là deux écoles qui, remarquons-le bien, ne divisent encore les éleveurs français que parce que,
chez nous et ailleurs (et chez nous plus qu'ailleurs
peut-être), l'industrie lainière attend toujours deux
choses : *un bon tracé de zones pastorales et la mise en
lumière de tous les types.*

Une tendance inexplicable à ramener toutes les
races ovines à un type unique de haute stature et
porteur d'une toison lourde et grossière s'est mani-
festée en France plus sensiblement que dans les autres
États de l'Europe.

Si les propagateurs de ce système, toujours exclusif, de la finesse qui manque dans presque toutes nos
bergeries françaises, avaient voulu, en gardant leurs
limites, créer, à l'aide du sang anglais, une bête ovine
digne de la première prime au concours de Poissy et
portant une toison bien accueillie à Reims, ils auraient
pu expliquer les résultats de leur pratique par la
théorie suivante :

Les exigences de la consommation et du commerce
se traduisent pour nous en quatre demandes : les
trois sortes de laine réclamées par l'industrie manufacturière, et enfin la viande. La laine à matelas est
entre les mains de tout le monde. C'est un produit de
la petite propriété restée sous l'influence rétrograde
de l'assolement triennal. Notre agriculture est trop
avancée pour se borner à la production de ce type
grossier.

La laine superfine est rare et chère : nous y
avions songé; mais la richesse de nos parcours et
la forte proportion de principes nutritifs contenus
dans nos fourrages tendaient à amener chez nos animaux le développement des grosses formes, et nous
nous disions : le commerce veut que la laine destinée
à la draperie soit superfine, courte, élastique, à ondulations régulières et aussi nombreuses qu'il est possible
sur une longueur donnée du brin. Or, nos investigations ne nous ont, jusqu'ici, révélé ces caractères que
sur des animaux de moyenne taille, chez lesquels la
finesse du brin de laine se présente en raison inverse
de l'épaisseur de la peau, toujours disposée, sous

d'habiles mains, à ne contracter l'habitude d'aucun pli.

Serons-nous bien assuré du concours de tous nos agents secondaires dans l'application des soins constants et minutieux qui, sur notre sol si fertile, tendront à prévenir tout excès de taille? Que ce résultat se présente une seule fois, qu'il se réunisse à un embonpoint exagéré; l'abondance de graisse, en augmentant, au delà de certaines proportions, le volume du corps, étendra, en même temps, l'enveloppe flexible de ce volume, c'est-à-dire la peau. Les pores seront agrandis et le brin de laine grossira. Une alimentation excessive fournie à l'extrait dès le premier âge jusqu'à son entier développement, aura sur la toison les effets pernicieux d'une végétation trop vigoureuse et alors le brin de laine s'allongera. Les deux principaux caractères de la laine propre à la draperie une fois altérés, la toison obtenue cessera de répondre au but. Cela posé, nous nous sommes retournés, avec des chances bien plus favorables, vers la production de la laine *à peigne*. Une mèche longue, lisse, brillante, dépourvue d'élasticité et, par cela même, bien plus facile que toute autre à obtenir sur un animal de haute taille, n'était pas encore, à la vérité, un produit indigène chez nous; mais notre brebis commune de forte taille nous offrait le moule de ce produit. Restait alors à imposer à l'extrait attendu toutes les modifications prises dans le régime pour atteindre le but proposé. Des conditions hygiéniques propres à concourir au succès se présentaient naturellement. Une atmosphère humide et, en quelque sorte inaccessible aux rayons du soleil, en rendant à l'animal toute fatigue impossible, assurait le maintien de la hauteur recherché dans sa mèche. Des pâturages frais et abondants lui étaient successivement ouverts par la nature ou créés par l'art, sur des surfaces assez rapprochées de la bergerie pour lui épargner toute marche forcée. En un mot, le repos complet lui était assuré dans de riches enclos, où nul accident de terrain ne le forçait de déroger à la lenteur de ses mouvements. Hors de ces conditions culturales, les races anglaises à laine longue n'ont ni place marquée ni raison d'être.

Les amateurs les plus prononcés des grosses races, qui, en vue de nous amener à combler, avec le temps, le déficit de nos besoins en viande, nous ont conseillé, sans distinction de zone pastorale, l'appel au sang Dishley et Newkent, etc., et cela, en s'appuyant sur le rendement élevé en viande présenté par ces différents types, dans un cercle de conditions culturales qui n'a pas été comparé à celui dans lequel tournent forcément les trois quarts des éleveurs français, ne se sont nullement rendu compte de l'inconvénient de condamner, par là, les consommateurs à une viande grossière et les producteurs qui exploitent des terrains peu fertiles à de ruineux mécomptes. Ces conseils, aussi légèrement donnés que difficilement suivis, leur ont fait oublier que la taille, qui dépend avant tout de la nourriture, n'est autre chose qu'une question de localité; l'influence du sol exagère ou restreint le développement des formes dont l'art parvient à douer tel ou tel type. De là, Messieurs, les échecs essuyés par tous les auteurs de tentatives toujours suivies de résultats négatifs, dès qu'elles sont faites en vue d'élever la taille du mouton au-dessus de certaines convenances locales qu'il est toujours coûteux et quelquefois même dangereux de dépasser ; car tous les hommes du métier savent bien que, en ce qui touche le mérinos, par exemple, le poids vif de l'animal n'est pas plus l'indice de la quantité de viande nette, que le poids en suint de sa toison n'est l'annonce positive du poids réel de laine blanche qu'il peut fournir.

On nous parle aussi de précocité, et l'on fait sonner bien haut que ce précieux caractère n'existe nulle part à un degré si marqué que dans les races anglaises ; mais ici (et sans nier le fait) la question de la consommation relative et, par conséquent, *du prix de revient* de tous les produits d'une race donnée, se montre dans toute sa force... et si, pendant toute la belle saison, nous devons acheter cette précocité par des suppléments coûteux au râtelier, pour remédier à l'insuffisance du parcours, comment le compte de nos bergeries se balancera-t-il au bénéfice ? (1)

Veut-on la preuve de ce que nous venons d'avancer ? Eh bien ! ce sont les Anglais eux-mêmes qui vont nous la fournir. Après avoir fait d'inutiles efforts pour accroître dans leur métropole la finesse des types es-

---

(1) On connaît cette réponse d'un éleveur anglais à un Français qui lui disait : « Combien de fourrage faut-il à vos bêtes pour qu'elles en « aient assez ? — To much (trop), répondit l'Anglais. »

pagnols importés par Henry VIII, ces habiles insulaires ont créé dans la Nouvelle-Galles de grands centres de production pour les laines superfines, et, parmi les races ovines auxquelles ils donnent la préférence pour la qualité de la viande, croit-on qu'ils s'arrêtent aux plus fortes? aux Dishley, aux Newkent? Pas le moins du monde... Ils en font saler la chair pour la consommation des vaisseaux et s'arrêtent aux Southdown, aux Cheviot, aux Ryeland... Or, ces trois races sont précisément celles qui, de tous les types anglais, portent la laine la plus fine, la plus courte et, par conséquent, la peau la plus mince; celles, en un mot, qui ont le plus heureusement conservé les traces du caractère mérinos, effacé partout ailleurs en Angleterre.

L'accord de ces deux qualités : laine superfine et viande exquise, n'est donc pas un problème insoluble, et nous croyons avoir répondu par des faits à cette étrange assertion qu'on trouve, à livre ouvert, dans certaines publications de la presse agricole : « *Le Mérinos superfin a fait son temps dans nos bergeries les plus distinguées.* »

Répétons donc une fois encore, avant de terminer cette introduction, que nous n'avons eu d'autre but que de *localiser sans les exclure*, les divers spécimens de forte race dont le sol des trois quarts de la France nous a interdit l'étude pratique; et nous sommes si loin de nous refuser à reconnaître leurs avantages sur les sols qui leur sont propres, que nous rappellerons, en quittant la plume, ces lignes du *Nouveau Traité sur la laine*, publié par l'association rurale de Naz, en **1824** :

« Les races de bêtes à laine propre au peigne man-
« quent à la France, où leur introduction serait *un*
« *véritable bienfait*. » Nous ne les repoussons donc
pas plus que nous ne repoussons le type de Rambouillet ; nous attirons seulement l'attention de l'administration supérieure sur le danger de leur imposer
des excursions malheureusement *au delà de leurs*
limites.

Cette part une fois faite au système de la haute
taille et des lourdes toisons, nous admettons que, en
regard d'un plan de conduite qui ne se plie qu'aux habitudes imprimées par la richesse du sol à la population ovine du nord de la France, les partisans de la
moyenne taille et du progrès de la finesse puissent dire :
La cause de la quantité est gagnée au Nord, gagnons
au Midi celle de la qualité ; et, pour cela, qu'avons-
nous à demander à nos moutons ? Trois points principaux. L'affinement successif de toute l'enveloppe flexible du corps, le maintien du corsage dans des proportions moyennes et, enfin, cette symétrie de formes
que l'art fait découvrir, tous les jours, dans les petites
races comme dans les grandes.

Ayant à répondre aux demandes de ceux qui, placés
après nous sur l'échelle du perfectionnement, viennent
puiser à notre source de précieux éléments d'amélioration, nous avons acquis, par des succès constatés, le
droit de dire à ces éleveurs : Prenez nos béliers ; pre-
nez-les les yeux fermés, car nous avons travaillé, avant
tous et pour tous, à contenir dans de justes limites
d'exportation la Saxe, qui, entrée vingt ans avant nous

dans la carrière du perfectionnement, s'y distingue, depuis près d'un siècle, par des succès inquiétants. Savez-vous pourquoi nous vous avons ouvert, plus tard que Rambouillet, par exemple, les portes de nos bergeries? C'est que nous ne voulions pas vous livrer le type espagnol avec toutes ses imperfections...

Marchant en silence et travaillant dans l'ombre pendant cette longue période employée par d'autres que nous à amener leurs sujets d'élite au but si mal choisi de ne répondre qu'à l'horizon visuel embrassé du fond des fermes de la Beauce, nous avons trouvé nos devoirs dans un ordre d'idées plus élevé. Nous avons dit à ceux de nos émules qui niaient, devant l'évidence des faits acquis au débat, l'importance de nos progrès bien marqués vers le but du perfectionnement de la toison : tant que vous avez pu soutenir, avec quelque apparence de fondement, que la Saxe *resterait pour toujours* la terre classique de la superfinesse, que jamais en France on ne *ferait aussi bien*, vous vous êtes peu inquiétés de ce prodigieux développement du luxe qui vous trouve aujourd'hui au-dessous d'exigences prévues, auxquelles nos toisons répondent si juste. Il y a de l'avenir en France pour un produit qui fonde ses chances d'écoulement sur la marche d'une civilisation avancée; il en résulte que partout où, avant les premiers envois de la Péninsule, on ne pouvait nourrir que des moutons de moyenne taille à toison grossière et claire, notre prédilection pour ceux qui paient aujourd'hui leur écot au râtelier en laine bien accueillie à Sédan est toute naturelle; et, en présence des diffi-

cultés de placement qui frappent les sortes inférieures,
lorsque cette préférence est justifiée par un mandat à
vue, ce n'est pas de l'engouement, c'est de l'arith-
métique.

Il y a trente ans et plus, vous nous demandiez, de
prime abord, des toisons fermées. Mais il n'y a nulle
part, aujourd'hui, de toisons plus décidément fermées
que celles qui nous furent apportées par les bêtes d'Espagne, lors des premières extractions ; voilà ce que
vous savez comme tout le monde. Mais ce qu'on ne
vous a peut-être pas dit, c'est que ces bêtes étaient grossières, relativement même à nos métis français d'aujourd'hui. Sur ces dépouilles arriérées, les brins de
laine étaient comptés par la nature sur les extraits des
premières générations. A mesure, donc, qu'au moyen
d'*appareillements réfléchis,* nous arrivions à changer
les habitudes de la peau, le mécheux, le vrillé, ces caractères défectueux que nous repoussons aujourd'hui
comme vous le faites, devaient se montrer *pour un temps
donné.* C'était même un effet prévu dans la végétation
de la laine ; mais l'habitude de la superfinesse était
prise, et quel pas immense ! L'homogénéité de mérite
dans les diverses parties de la toison, cette qualité si
rare à la poursuite de laquelle l'art trouve le plus de
résistance de la part de la nature, ne nous laissait plus
en perspective qu'une victoire encore douteuse sur
quelques surfaces rebelles aux perfectionnements,
mais peu importantes en raison de leur étroite limite.
Ces surfaces, nous ne vous les indiquerons même pas ;
vous les avez sûrement étudiées comme nous. Toute

notre tâche consistait donc à rechercher, de génération en génération et toujours dans le système de reproduction *en dedans*, les sujets les plus caractérisés
par l'homogénéité et le tassé *sous la finesse voulue*.

Appareillé pour former une pépinière, avec des
brebis de sa famille, le bélier que nous vous offrons se
reproduira, au moins dans la majorité de ses extraits,
avec une identité parfaite. *Croisé* avec des brebis douées
d'habitudes de sang moins anciennes que celles qu'il a
contractées lui-même, il imprimera à ses descendants
son caractère avec une énergie telle, que ceux-ci
cesseront d'autant plus vite de *jouer* (d'offrir des
disparates), qu'ils seront eux-mêmes successivement
appelés, après un nombre suffisant de degrés de sang,
à continuer l'œuvre de la vie en famille.

Ainsi, en résumé, tant que vous ne sortirez pas des
laines *à carde*, qui, à elles seules, remarquez-le bien,
constituent les quatre cinquièmes du chiffre de nos im-
portations, l'action du bélier superfin de haute origine
ne peut faillir entre vos mains.

Que cet enseignement fût écouté, et l'école de Daubenton restait ouverte.

N'est-il pas maintenant, je vous le demande, Messieurs, n'est-il pas clair comme le jour qu'avec des
zones pastorales bien tracées sur la surface du territoire français, les deux écoles personnifiées dans Daubenton et dans Bakewell se seraient maintenues au
profit de notre agriculture, avec des chances d'autant
plus certaines qu'elles auraient mieux gardé leurs limites, tout en se partageant les fruits d'un enseigne-

ment qui n'a pu trouver d'application complète dans les croisements d'Alfort et que les éleveurs de plus de soixante départements attendent encore à l'heure qu'il est.

Rien de tout cela ne serait arrivé, si l'administration supérieure, bien fixée, depuis un demi-siècle, sur le point fondamental que la taille du mouton, dans toutes les races connues, n'est autre chose que *l'expression la plus exacte du degré de fertilité du sol*, avait pu, d'une part, mettre à la portée de chaque catégorie d'éleveurs (et cela dans des bergeries de l'État appropriées à des conditions culturales diverses) des étalons de race ovine en rapport avec la taille des brebis indigènes ou améliorées de cette circonscription, tout en offrant d'ailleurs à l'émulation des éleveurs les plus intelligents un système de primes combinées de manière à récompenser dignement le degré le plus éminent de spécialité atteint sous telle ou telle zone pastorale donnée.

Au lieu de cette marche écrite sur le sol. qu'a-t-on partout conseillé? qu'a-t-on protégé? qu'a-t-on encouragé? qu'a-t-on prôné? Avant toutes choses, de gros moutons; et, sans s'inquiéter si les toisons arriérées de ces animaux répondent ou non à l'appel de l'industrie manufacturière, on s'est consumé en efforts inutiles pour étendre comme un réseau sur le territoire français le système unique des fortes races.

Et cependant, malgré bien des tentatives pour reléguer au pied du Jura l'école de la haute finesse, comparons-la à celle de la haute taille, et voyons, en deux mots, laquelle a gagné le plus de terrain.

Sorti à l'état pastoral de la Péninsule, le système qui conduit à la haute finesse par l'emploi des étalons de moyenne taille, commence par braver, sous le ciel de la Suède, qui l'invoque la première, l'âpreté d'un climat rigoureux ; il crée en Saxe les laines électorales ; triomphe en Russie ; se lie en Autriche, en Prusse, en Bohème, en Hongrie, à une période agricole très-avancée, et il y devient le pivot presque unique sur lequel roulent les assolements alternes ; il se prête, dans la partie orientale de l'Europe, aux habitudes pastorales de la Crimée, quitte le continent, reçoit, aux terres australes, un développement qui fait refluer sur nos marchés une production immense contre laquelle les primes de Naz, qui relèvent elles-mêmes de l'école de Daubenton, sont encore aujourd'hui la meilleure des barrières.

Que devient, pendant cette période, le système de la haute taille et des lourdes toisons, si fatalement appliqué chez nous à la race Mérinos ? Resserré dans un rayon de quinze à vingt départements du nord de la France, il laisse, quant aux lainages, ses adeptes au-dessous de toute concurrence étrangère. Et cependant, ce n'est pas l'appui qui lui manque... Encouragé par des primes spéciales à Poissy, mis en possession de presque toutes celles qui sont décernées dans les concours d'animaux reproducteurs, représenté dans toutes les bergeries de l'État, il ne crée qu'une viande inférieure à celle des petites races qu'il relègue au loin comme des rivales incommodes et, en regard d'un déficit d'environ trois millions de francs en moutons de boucherie reçus du dehors, il pose sur les états de douane le chiffre accusateur de soixante millions en laines importées de l'étranger.

De là, cette intarissable question lainière qui, sortie d'une lutte entre deux systèmes qu'il faut à tout prix localiser, se présente sous toutes les formes, envahit les colonnes des journaux agricoles, se hérisse de termes techniques dans la langue de l'éleveur, grandit sous la plume du publiciste, qui la fait passer sur le terrain de l'économie politique ; se révèle à tous les esprits, à toutes les classes ; au riche, par la soif du luxe ; au pauvre, par l'instinct du bien-être ; se déroule dans l'exposé des doctrines de Naz (1) en aperçus empreints d'un cachet de supériorité sociale ; se traduit en argot de grande route dans la carriole du fermier ; provoque deux fois la réunion de Congrès spéciaux aux portes de la capitale (2), après avoir paru, sous la Restauration, à la tribune de la Chambre élective, sous la forme saisissante de débat public (3).

Mais si, comme l'affirment nos adversaires, les mérinos superfins n'existent en France qu'à l'état d'exception, on voit qu'il est temps de les multiplier au plus vite, puisque l'agriculture, en entrant dans cette voie *partout où elle le pourra, sans contrarier la na-*

---

(1) Voir le *Traité sur la laine* et les autres publications de M. le baron Girod (de l'Ain) et de M. le comte Perrault de Jotemps.

(2) Les congrès de Compiègne et de Senlis.

(3) Discours prononcé par M. Ternaux, député de la Seine. Séance du 29 avril 1820.

ture, aurait bien autre chose à faire que de répondre à un caprice de luxe, et que, ensuite, le moment serait bien mal choisi pour substituer au bélier superfin de haute origine tout autre type dont l'avenir serait moins assuré et qui n'aurait pas à combler, à l'heure qu'il est, dans la balance de nos produits, un déficit de soixante millions.

Et c'est en présence de cette lacune que l'école de la haute taille et des lourdes toisons proclame que son système a prévalu... Alors, il ne reste plus qu'à constater le résultat de la victoire. Malheureusement, le jury central, cette imposante autorité dont le verdict a toujours été la plus haute sanction donnée à la logique de nos doctrines, a résumé, comme nous allons le voir, ces résultats en 1844 ; et, depuis, les faits successivement accomplis sont venus jeter une lueur effrayante sur la profondeur de la plaie.

Voici un des passages les plus saillants empruntés au compte rendu de la commission des tissus (1) :

« Déjà on a constaté que Sedan, qui employait an-
« nuellement pour une valeur de plus de douze mil-
« lions en laines françaises, en trouve seulement
« pour cinq cent mille francs ; tout le surplus de son
« approvisionnement est en laines d'Allemagne. El-
« beuf, qui consomme pour plus de trente millions de

______

(1) Rapport de M. le baron Girod (de l'Ain), propriétaire du troupeau de Naz et rapporteur de la commission des tissus, section de l'amélioration des laines, à l'exposition générale des produits de l'industrie, en 1844.

« laines chaque année, ne demande plus à la France
« que la moitié de cette valeur ; l'autre moitié est éga-
« lement tirée de l'Allemagne, qui, en 1839, ne four-
« nissait qu'un cinquième de cette consommation.
« Louviers, qui emploie annuellement pour quatre ou
« cinq millions de laine, en reçoit aussi d'Allemagne
« pour plus de trois millions. Ces trois villes, *à elles
« seules*, portent annuellement à l'étranger une somme
« de plus de trente millions, au détriment de notre
« agriculture, et le mal *tend rapidement à empirer.* »

« Si l'on ne veut pas condamner la France à de-
« mander, à tout jamais, une quantité toujours crois-
« sante de matière première, il faut, sans plus tarder
« et par les moyens les plus efficaces, propager l'édu-
« cation des races ovines *dans tous les départements* où
« nul obstacle ne s'oppose à leur *perfectionnement.* »

On voit que le jury central ne tire pas de la rareté des troupeaux d'élite les mêmes conséquences que nos adversaires.

En présence de ce bilan déposé par l'agriculture française, les hommes clairvoyants, qui veulent que le pays se mette promptement en mesure de soutenir, en temps de paix, la concurrence des produits étrangers et de se suffire à lui-même en cas de guerre, s'adressent les questions suivantes :

1° Les ressources qui se présentent pour empêcher que la France ne devienne pour toujours tributaire de l'étranger, sont-elles entre les mains de l'administration supérieure ou dans celles de l'agriculture ?

2° La pratique des éleveurs les plus expérimentés

signale-t-elle en France (quelques points du littoral exceptés), des causes dépréciatrices de la valeur des toisons et, dans ce cas, les moyens que l'art indique pour neutraliser ces influences nuisibles sont-ils d'une facile application?

3° L'étude raisonnée des principaux caractères de la toison en voie de perfectionnement, est-elle aussi familière à l'éleveur français que l'appréciation des indices les plus significatifs d'un rendement élevé en viande, relativement au poids vif de l'animal?

4° Sur tous les sols de fertilité médiocre où, malgré le développement donné aux surfaces couvertes de prairies artificielles, la taille du mouton se maintient dans des proportions moyennes, ne peut-on pas songer, plus qu'ailleurs, par l'alliance du bélier superfin de pur sang et de la brebis indigène, à concilier ces deux buts d'amélioration : la laine et la viande?

Ce programme une fois jeté en avant ne nous permet aucune déviation. Les innombrables variétés de laines produites par les sujets de race ovine disséminés sur la surface du globe, variétés que les exigences actuelles divisent en trois catégories très-distinctes :

Laines à carde,

Laines à peigne,

Laines à matelas,

Se résument à nos yeux en deux grandes divisions principales :

Laines superfines propres à la draperie,

Laines longues propres aux étoffes rases qui ne subissent pas le foulage.

Que nous révèlent, sur la convenance de nous arrêter à l'un ou à l'autre de ces deux types, les enseignements de notre école ? Un sol de fertilité moyenne, qui est la négation du dernier caractère de laine précité, nous met les devoirs suivants à l'ordre du jour :

Créer une matière première qui réponde par sa finesse, son homogénéité et son moelleux, aux habitudes d'élégance de l'élite d'une nation civilisée ; rendre européen le nom d'une bergerie-modèle ; accabler ses contradicteurs sous l'entassement des preuves ; s'armer de l'opiniâtreté des faits contre les embuscades de la critique, voilà l'ordre de travail posé devant nous. Et, remarquez-le bien, Messieurs, cette mission, que nous tenons du chef de notre école, ne se déroule pas, pour Daubenton, en enseignements tombés du haut d'une chaire. Pour cette fois, du moins, le génie d'observation devance l'appareil scientifique ; ce n'est pas sur un amphithéâtre décoré d'attributs ingénieux et sous le prestige d'une mise en scène disposée pour un public choisi, c'est sous le poids des peines de la pratique, au fond d'une solitude agreste, dans une enceinte de claies, sur une corbeille de triage, que chaque étincelle de vérité, tirée d'une expérience spéciale, est soigneusement conservée pour le faisceau de lumières que nous lui devons.

Daubenton se met à l'étude. Suivons-le un instant, Messieurs ; demandons-lui le secret de ses travaux, qui sont le point de départ des nôtres ; pénétrons jusque dans son laboratoire : il n'aura pas pour nous de

portes secrètes, ce réduit studieux ; elles tomberont
toutes sous l'effort des mains laborieuses qui font encore mouvoir les ressorts de la production lainière ;
ne la franchissons jamais, cette limite séparative po-
sée, par les lois mêmes de la nature, entre nous et
nos adversaires ; répétons-leur une dernière fois que
leur sol leur a prescrit ce que le nôtre nous a défen-
du ; et qu'ils sachent bien que le système d'élevage le
plus parfait ne se transporte pas tout d'une pièce,
comme un obélisque, sans perte et sans danger,
d'une circonscription culturale dans une autre.

Une heureuse aptitude, qui l'emporte sur l'expérience elle-même par l'économie du temps, a révélé à
Daubenton ce principe, passé, de nos jours, à l'état
d'axiome :

« Rien de si modifiable que la race ovine. »

Il recherche la haute finesse : pour atteindre ce but,
quels éléments possède-t-il ?

Un ensemble de tribus d'origines diverses et d'habitudes opposées, empruntées, sous toutes les lati-
tudes, aux différentes races de l'Auxois, de la Flan-
dre, de l'Angleterre, du Maroc et du Thibet ; races
dont il faut effacer les caractères distinctifs pour les
fondre tous en un seul, en les ramenant toutes à un
but *unique* et *fixé*, qui, lui-même, n'existe pas encore ;
car le pur sang, cette essence précieuse qui s'ac-
quiert, *avec le temps, par la vie en famille*, Daubenton
n'en a pas sous la main.

Le système de reproduction *en dehors*, en d'autres termes, *le recours au sang étranger*, s'offre donc forcément à sa pensée. Il pèse, d'une main sûre, les différentes races françaises, telles qu'elles se montrent, sous la seule influence du sol et du climat; et deux types moins grossiers que les autres, le bélier du Berry et celui du Roussillon, se présentent à son choix. Des considérations, d'un ordre élevé pour l'époque, font pencher la balance en faveur de ce dernier.

On comprend que les sources incertaines qui seules furent ouvertes à Daubenton et qui se sont épurées entre ses mains, ont dû nécessairement retenir le degré d'amélioration obtenu alors fort au-dessous du progrès réalisé à l'heure qu'il est. Malgré le développement de quelques théories hasardées, *l'instruction pour les bergeries et les propriétaires de troupeaux* qui, dès son apparition, fut introduite dans toutes les bergeries de l'Europe, offre encore d'utiles leçons à deux classes d'hommes que l'éducation sépare et que la nécessité rapproche.

L'impulsion donnée à l'affinement des laines françaises, s'ouvrit, dès lors, un crédit motivé dans tous les esprits réfléchis, et une presse active en offrit le compte rendu, comme élément journalier, à la curiosité publique.

Fort de suffrages éclatants, Daubenton se présenta, le 9 juin 1784, à l'Académie des sciences, sous le patronage de M. de Calonne, pour y donner lecture de son Mémoire sur le premier drap superfin du cru de France.

L'effet produit justifia toutes les prévisions : le sujet portait l'auteur. Mais, fidèle à un système de temporisation qui ajouta encore au poids de son autorité morale dans la pensée des juges compétents, ce ne fut que deux ans plus tard, à la séance du 29 mars 1786, que Daubenton soumit à ce corps savant le complément de ses notes sur la nouvelle laine superfine de France, comparée à celle d'Espagne. Ce bulletin victorieux, qui enchaîna toutes les convictions, était appuyé de pièces justificatives, parmi lesquelles figurait une note sur la manutention complète d'une classe de toisons d'élite de la bergerie de Montbard, traitées par M. Decretot, fabricant de Louviers, en présence de l'inspecteur et des gardes-jurés de cette manufacture. L'exposé des résultats donnés par ces mêmes toisons, dans la fabrication des draps de laine superfine (1) des premiers crus de France, fut présenté au roi par M. de Calonne, contrôleur général des finances.

Louis XVI se souvint alors que, lorsque le sage de Stagyre écrivit son histoire des animaux, Alexandre, pour répondre au but de l'auteur, fit rechercher les races les plus rares dans toutes les parties de la terre. Ce que le vainqueur d'Arbelles fit pour le guide de ses premières années, fut dicté au roi-martyr par la pensée du bien-être de ses peuples.

---

(1) Il faut bien se garder de donner ici à ce mot l'acception rigoureuse qu'il a aujourd'hui dans quelques établissements hors ligne, en France et à l'étranger. Il y a finesse et finesse, et il y a loin d'une assertion à un fait constaté par de bons juges.

Le prince qui avait couvert du sceau royal l'abolition de la corvée, créé les assemblées provinciales et les écoles gratuites pour l'enseignement de la jeunesse indigente, relevé la marine, creusé le port de Cherbourg ; le prince qui avait dit à Lapérouse : « Faites « bénir le nom français, » étendit une main protectrice sur l'agriculture : Rambouillet fut créé.

Le roi ayant acheté, de M. le duc de Penthièvre, la terre de Rambouillet, fit bâtir dans le parc la ferme qu'on y voit encore aujourd'hui, et y ordonna des cultures expérimentales, dans un but d'utilité publique. M. Tessier, que nous retrouverons, plus tard, inspecteur des bergeries royales sous la Restauration, prit une part active au projet mûri par le roi de faire choisir le noyau du troupeau de Rambouillet dans les plus belles cavagnes d'Espagne, et M. de La Vauguyon, alors notre ambassadeur à Madrid, fit dignement remplir les intentions de Louis XVI.

Sur les trois cent quatre-vingts bêtes choisies, et d'une beauté inconnue jusqu'alors dans tous les troupeaux de la même race précédemment tirés d'Espagne, quatorze moururent en chemin. Les trois cent soixante-six autres, parties au mois de mai 1786 de la Vieille-Castille, arrivèrent, au mois d'octobre suivant, à Rambouillet, sous la conduite de quatre bergers et de deux mayoraux espagnols : Ramirès et Gilles Hernans.

Méconnue à son apparition, la haute valeur du don royal fut bientôt comprise : accordés d'abord à titre d'essai, livrés, plus tard, à bas prix, des germes précieux allèrent peupler des pépinières naissantes.

Les troubles publics suspendirent bientôt ces améliorations, sans en éteindre le foyer. Le Vandalisme révolutionnaire, après avoir renversé un trône de quatorze siècles, s'arrête devant une bergerie : Rambouillet resta debout. La Convention, qui venait de faire tomber la tête du bienfaiteur, accepta le bienfait. Elle nomma une commission chargée de veiller à la conservation de l'établissement. Des hommes, dont les noms chers à la science devaient ramener l'agriculture, y furent appelés, et si Daubenton ne partagea pas leurs travaux, c'est que la voix publique imposa d'autres soins aux dernières années de sa carrière. La chaire d'histoire naturelle au collége de France et celle d'économie rurale d'Alfort lui furent confiées.

Ici, pour répondre successivement aux questions posées dans cette première section, le moment est venu de montrer, par l'examen comparatif des systèmes des deux écoles, d'une part, l'abondance forcée des caractères qui constituent le mérite réel de la toison, l'atteinte grave portée à la délicatesse de la chair du mouton par suite du développement artificiel et exagéré de son corsage, et, d'autre part, enfin, les avantages incontestables que l'agriculture pourrait attendre de la multiplication des races superfines de moyenne taille qui peuvent prospérer partout.

DEUXIÈME SECTION.

Des causes qui ont retardé, en France, la production des laines superfines. — Influence des concours généraux de produits agricoles et d'animaux reproducteurs sur l'impulsion donnée à l'amélioration des laines, telle qu'elle est comprise aujourd'hui dans la plupart des bergeries françaises. — Vues rétrospectives sur les essais divers faits, dans le passé, pour la mise en lumière de tous les types.

Le système de la haute finesse n'ayant jamais été sérieusement représenté dans une bergerie de l'État assise sur un sol favorable au maintien de la moyenne taille dans le mouton, on s'était accoutumé, en France, jusqu'en 1823, époque à laquelle les produits de Naz furent mis en lumière, à considérer Rambouillet comme l'unique élément d'amélioration pour toutes les bergeries de l'intérieur, et le prix moyen du kilogramme de laine en suint réalisé aux ventes publiques annuelles de l'établissement, était présenté, dans des publications officielles, comme la seule limite possible aux exigences permises dans les transactions. Mais, lorsque, tout à coup, en 1823, les expériences authentiques faites, à Sedan, sur les laines de Naz, et la décision du jury central d'exposition, qui leur décerna, dans la même année, la première médaille d'or, vinrent coïncider avec le brusque changement de front qui s'opéra, à peu près à la même époque, dans le commerce des laines ; lorsque, enfin, il fut clair pour tout le monde que le moment était venu de séparer les éleveurs français en deux camps ; de créer et de généraliser la haute finesse dans les troupeaux de moyenne taille, qui, en raison même de ce caractère, n'avaient rien à attendre de Rambouillet ; lorsque les éleveurs français et étrangers les plus expérimentés virent l'école de Naz jeter les premiers fondements de ces lointaines colonies qui, d'Autriche, de Prusse, de Hongrie, de Suède, de Crimée et des terres australes, venaient emprunter au type extra-fin ce cachet de distinction qui l'a porté si haut dans les deux hémisphères, l'administration supérieure s'émut de cette place conquise au soleil, par une victoire éclatante, sur un système qui, pour conserver sa raison d'être, devait garder religieusement ses limites. Deux écoles, Naz et Rambouillet, la première représentant la haute finesse, et la seconde représentant la haute taille, se combattirent au lieu de s'entendre en *se localisant*. La presse, en reflétant la physionomie du débat, s'anima de la vivacité de répliques bruyantes et franchit toutes les barrières, aussitôt que le retentissement d'un nom historique, engagé dans la lutte, eut montré le comte Héracle de Polignac descendu dans l'arène, avec son autorité de lauréat du dernier concours général de l'époque, pour défendre l'école de Rambouillet dans une lice où la simplicité des goûts avait amené la confusion des rangs.

S'arrêta-t-on, dès ce moment, à l'idée d'une future et sérieuse représentation du système de Naz, dans un établissement royal élevé sur un terrain où le défaut de richesse du parcours deviendrait la plus sûre de toutes les garanties contre tout excès de taille? Les premières mesures prises et les tentatives partielles dont nous aurons à parler plus loin, semblent l'indiquer. Louis XVIII saisit, du haut de sa vaste intelligence, le point culminant de la question. L'auguste frère du fondateur de Rambouillet démêla bien vite que la plus dangereuse concurrence pour les bergeries de l'État était celle des améliorateurs de l'intérieur, contre lesquels l'appel aux tarifs protecteurs est de nul effet. En conséquence, des ordres judicieusement donnés descendirent de haut lieu, et l'inspecteur général Tessier, chargé d'une mission spéciale, fut, en juin 1823, envoyé à Naz.

Délégué officiel d'une administration assez clairvoyante pour signaler un phare allumé sur le Jura, l'inspecteur général des bergeries royales, nous l'avouerons, avec toute la sévérité due à un précis historique, ne répondit, dans cette grave circonstance, ni aux espérances conçues ni à l'importance de sa mission. L'auteur de l'*Instruction sur les bêtes à laine*, l'ancien ami de Trudaine, le successeur de Parmentier à la commission exécutive de Rambouillet, ne saisit pas, ou feignit, peut-être, de ne pas saisir l'énorme latitude qui existait alors, comme aujourd'hui, entre les deux prix de vente et de revient des laines des deux bergeries modèles, et nous avons tout lieu de croire que l'attitude hostile qu'il prit à l'égard de Naz s'explique par des causes qu'il est bon de faire connaître : M. Tessier était la plus haute personnification des doctrines de l'ancienne école ; dans sa pensée, toutes les variétés possibles de la race mérinos ne devaient relever que d'un seul type, et ne se retremper que dans une pépinière unique, sous tous les climats et sur tous les sols. Maintenir le degré de finesse tel qu'il avait été reçu d'Espagne, *sans le dépasser ;* imposer l'étalon réalisant ce prétendu progrès aux éleveurs de toutes les zones pastorales (zones dont personne n'a encore parlé à l'heure qu'il est) ; rester sans le moindre souci de fonder, au moins, une pépinière d'étalons extra-fins, de haut sang et en rapport direct de taille avec les brebis de soixante départements. Voilà le programme dont M. Tessier était la circulaire vivante, et contre lequel nul contradicteur, en évidence jusqu'alors, n'avait encore protesté. La commission chargée de veiller à la conservation du troupeau de Rambouillet jurait par M. Tessier, comme les dieux d'Homère par le Styx ; personne, enfin, ne songeait, le moins du monde, au contrôle d'une théorie restée sans contre-poids dans l'opinion publique. Et c'est sous la première de ces diverses influences que les bergeries de Naz allaient s'ouvrir, devant un contradicteur officiel qui, admis à constater la marche d'une idée neuve, réalisée dans son concours, en parle, cependant, sinon avec une justesse de vue irréprochable, du moins avec un ton de convenance que quelques-uns de nos adversaires d'aujourd'hui nous donnent le droit de leur souhaiter.

Ici, mon rôle s'efface, pour un instant, devant celui de l'ancien inspecteur général auquel je cède la parole, en laissant de côté un préambule sans portée actuelle, pour arriver d'emblée à l'analyse des principaux traits de la notice :

« A mon arrivée à Naz, une partie des troupeaux étaient tondus. Je ne croyais pas que, dans ce climat, on les dépouillât si tôt de leur laine. J'ai cependant vu un grand nombre de bêtes encore couvertes de leurs toisons, sur plusieurs desquelles, *prises au hasard*, j'ai pu examiner et recueillir des échantillons à diverses parties du corps, *à la croupe*, *à la cuisse*, et même *au ventre*. Il résulte de cet examen et de mes recherches, que *partout* la laine est fine, en quelque sorte *homogène*, et qu'aucun filament de jarre ne la dépare. A Naz, les bêtes plissées, *qu'on préfère ailleurs*, sont écartées de la meute et *on a raison*; car ce qui recouvre les plis n'est nullement fin et nuit à la vente des toisons. Il n'est pas vrai de dire que le troupeau de Naz n'a que de la laine courte; des échantillons coupés alors sous mes yeux prouvent qu'il y en a de longue également fine, et que, par conséquent, la longueur *n'exclut pas la finesse.* »

La première chose qui saute aux yeux dans le compte rendu de l'examen de M. Tessier, c'est la sévérité minutieuse avec laquelle il a procédé dans le choix des parties du corps sur lesquelles il a pris des mèches. De toutes les parties basses de la toison, il n'a oublié que la nuque. Si, malgré la rigueur de ces précautions, il a partout constaté sur des animaux *pris au hasard*, une laine fine et en quelque sorte homogène, à quel degré de perfection étaient donc parvenus des sujets d'un tel mérite dans les parties hautes de leurs dépouilles, à l'épaule, par exemple, et surtout au flanc et à la surface mitoyenne des côtes ?

Un second point bien important, c'est l'arrêt tombé de la bouche d'un inspecteur général contre les plis, les nappes flottantes d'une peau épaisse et les fanons pendants, qui étaient alors, à Rambouillet et ailleurs, les signes distinctifs de la beauté de convention du mérinos. Ces caractères ont, au double point de vue de la production de la laine et de la viande, des inconvénients très-graves, sur lesquels M. Tessier ne s'étend pas assez. Il constate bien que ce qui recouvre les plis n'est nullement fin, mais il ne dit pas pourquoi ; deux mots seulement pour combler cette lacune : Il n'est pas un homme du métier qui ne sache que la finesse du brin de laine est en raison inverse de l'épaisseur de la peau du mouton, et que, par suite de ce principe confirmé tous les jours dans la pratique, la laine grossière succède à la laine fine partout où la peau devient épaisse et, par conséquent, sur les plis, et, qu'enfin, le jarre succède à la laine grossière partout où la peau devient calleuse. Ce principe est si vrai, que M. l'inspecteur général actuel des bergeries impériales le proclame lui-même dans un rapport récent sur le dernier concours d'animaux reproducteurs, où il dit textuellement, page 291 :

« Peu de cultivateurs conservent actuellement les

races mérinos pourvues de fanons et de plis sur la peau, indices certains d'un engraissement difficile et signes probables d'une toison abondante. Les cultivateurs demandent l'abondance de la toison bien moins à l'étendue de la peau et aux plis *qu'on s'était efforcé autrefois d'y développer*, qu'à la longueur et au tassé des brins de laine.

Tout en adressant de sincères félicitations à ces éleveurs, nous regrettons qu'ils soient entrés si tard dans une voie que l'école de Naz leur prêchait d'exemple il y a trente-cinq ans.

M. Tessier tombe dans une erreur grave lorsqu'il dit, à la fin du même paragraphe, que la longueur du brin de laine n'en exclut pas la finesse. Quelques mots de pratique réduiront l'assertion à sa juste valeur.

Une destination toute différente fait rechercher, dans les laines à peigne, dont la longueur est l'une des qualités les plus désirables, des caractères tout opposés à ceux qu'on exige des laines à carde. Dans ces dernières, la finesse du brin est le point essentiel. Or, le diamètre moyen du brin est d'autant plus rapproché de ceux des extrémités que le brin a moins de longueur. L'inégalité trop marquée des diamètres constitue un défaut grave et très-apparent chez les animaux de sang peu ancien. Ce ne serait donc qu'aux dépens de la finesse qu'on allongerait, sans compensation possible, la mèche du mérinos perfectionné qui, pour rester à la hauteur de l'usage spécial que lui assigne la fabrication, n'a rien à attendre de la longueur du brin.

Plus loin, en terminant un précis rapide sur l'origine des troupeaux de Naz et sur les soins intelligents qu'ils reçurent dans le principe de M. Girod de l'Épeneux, chef de l'établissement, M. Tessier ajoute :

« Ce dernier prit un grand soin de ces acquisitions et de leurs produits qui, aujourd'hui, *se distinguent par leur laine supérieure* en finesse, presque uniforme sur toutes les parties des toisons, ce *que j'ai constaté sur un grand nombre d'individus.* D'où vient *cet avantage* des troupeaux de Naz ? Est-ce de la nourriture qu'on leur donne au râtelier ? Est-ce des soins qu'on en prend à la bergerie ? Est-ce de l'état des pâturages ? Je ne doute pas que toutes ces causes n'aient influé sur la qualité de leur laine ; mais ce qui y a le plus contribué, c'est l'attention continuelle qu'on a eue depuis vingt-cinq ans, d'*éliter soigneusement* les animaux des deux sexes et d'écarter des alliances ceux dont la laine n'était pas parvenue au degré de finesse recherché. Maintenant encore, l'association renvoie dans une bergerie éloignée et que je n'ai pu voir (la bergerie d'Injoux), ceux qui ne répondent pas à la *beauté* des autres. Naz *a donc le mérite d'avoir enseigné* à quel point on peut parvenir au *perfectionnement* des laines. C'est une *obligation qu'on lui a,* c'est un *service rendu à l'amélioration.* »

La voilà, cette part raisonnable que nous faisaient nos adversaires d'autrefois. Il y a loin de ce langage tenu par un éleveur (car M. Tessier était éleveur), il y a loin, disons-nous, de ce caractère de discussion polie, empreinte de savoir et, qui plus est, de savoir-vivre, au ton acerbe de certaines publications qui ont pour but évident la tâche difficile d'étouffer la haute renommée d'un type indispensable, dont on ne fait si gracieusement honneur aux étrangers que depuis qu'on le voit entre les mains de ses compatriotes. Il me serait facile, Messieurs (si je n'avais un meilleur usage à faire de votre temps et de ma plume), d'extraire, sous vos yeux, la substance de quelques brochures où le développement de ce paradoxe est poussé jusqu'à l'ironie contre l'école de Naz. Ici, on lui accorde une place d'honneur partout ailleurs qu'en France ; là, on la relègue aux terres australes, etc. Nous voyons encore, tous les jours, cette thèse soutenue avec un imperturbable sang-froid, par des aristarques qui ont du moins le bon esprit de ne pas s'en faire les éditeurs responsables, mais qui oublient, en y revenant avec une complaisance trop marquée dans la discussion, que l'arme du ridicule éclate quelquefois entre des mains maladroites.

Nous avons tout à l'heure rendu justice à la franchise de M. Tessier. Réduits maintenant à combattre ses conclusions, nous le ferons du moins à armes courtoises :

« Il est à désirer, sans doute, qu'un tel exemple soit imité. Ce serait pour les fabriques françaises *un véritable bien*. Mais on ne peut attendre de semblables entreprises de nos *simples cultivateurs*. Voici ce qui les en empêcherait : Les toisons du troupeau de Naz sont de trois à quatre livres *en suint*. Un fermier qui aurait des mérinos de forte taille rendant dix livres de laine qu'il espérerait vendre 1 franc 50 centimes, taux auquel il est *probable qu'elle reviendra*, compterait sur 15 francs par individu. Ajoutez à cela que les moutons qu'il ferait de ses béliers se vendraient aux bouchers en raison de leur volume. Les béliers de Naz étant de taille moyenne, seront *moins propres à métisser des brebis de grande race.* Enfin, on n'est pas *assez sûr que nos fabricants paieront la laine superfine à sa juste valeur.* »

M. Tessier a bien raison de dire qu'on ne peut attendre de semblables entreprises de *nos simples cultivateurs.* Oui, sans doute, les connaissances spéciales nécessaires à la création des laines de haute finesse et leur maintien dans les troupeaux ne sont pas à la portée du commun des éleveurs, et c'est, il faut le dire en passant, une des causes de leur prix élevé. Mais ce n'est pas parce que ces mêmes toisons sont légères qu'elles pourraient constituer l'éleveur en perte. Le reproche de légèreté ne sera jamais fait à la toison superfine par les juges compétents, qui, considérant toujours la laine relativement à son emploi en fabrique, recherchent, avant tout, dans une dépouille en suint, l'indice de la quantité réelle de laine produite *après lavage* par tel ou tel poids donné de l'animal qui la porte. Or, la quotité proportionnelle de rendement et le degré d'homogénéité de la toison, voilà, après la finesse, les données principales qui peuvent en faire notablement varier la valeur. Que recherche ensuite le commerce? La douceur et le moelleux. Eh bien! les trouve-t-on dans ces lourdes toisons qui résistent à la main par suite de la rudesse du brin, rudesse qui se retrouve dans l'étoffe fabriquée comme dans la matière première à l'état de végétation? D'ailleurs, le poids en suint sera toujours relativement inférieur dans une bergerie de bêtes perfectionnées, parce que l'éleveur sait bien que ce n'est qu'en *blanc* qu'il faut juger du poids comparatif de deux toisons ; l'expérience lui a appris que le lavage, ce critérium infaillible du mérite réel d'un mérinos, rétablira, en faveur de la quantité positive de laine produite par l'animal le plus fin, le plus *réellement tassé* et le plus homogène, un équilibre très-rassurant. Le poids brut est même si loin de pouvoir être admis comme élément décisif de valeur, que, dans la pensée du commerce, il a frappé de réprobation les toisons les plus chargées de suint et par conséquent les plus lourdes ; et, à cet égard, je rappellerai aux partisans les plus prononcés de ces mêmes dépouilles, qu'on lisait il y a quelques années, dans l'annonce de la vente annuelle des produits de la bergerie de Rambouillet : « Les toisons pèsent trois à quatre kilogrammes *au plus*. »

L'administration savait très-bien que la plupart des lecteurs inoffensifs laisseraient passer, sans la relever, cette innocente locution adverbiale : *au plus* ; mais que, en revanche, elle serait très-significative pour les marchands de laine. Voilà pour les toisons ; aux animaux maintenant.

J'ai beaucoup de peine à m'expliquer, dans la bouche d'un inspecteur général des bergeries de l'État, une assertion aussi étrange que celle-ci : « Les béliers du Naz, étant de taille moyenne, seront moins propres à métisser les brebis de grande race. »

D'abord, n'existe-t-il en France que des brebis de haute taille ? C'est prendre la circonscription de Rambouillet pour notre horizon rationnel ; mais l'objection fût-elle fondée, je ne ferai pas appel, pour la réfuter, à la savante pratique de Culley, de Coventry, de Henri Cleire, qui montre que, dans l'espèce du mouton comme dans beaucoup d'autres, les formes s'améliorent en même temps que la taille s'élève, *sous l'influence d'une nourriture abondante*, par suite de l'accouplement entre le petit étalon *bien conformé* et la femelle de grande taille. Il n'est personne qui n'ait entendu parler des croisements d'Alfort entre le bélier de Naz et la brebis de Rambouillet. J'ai vu, dans cet établissement, en 1844, des béliers issus de cette alliance. Ces magnifiques spécimens étaient, en général, aussi remarquables sous le rapport de la vigueur et de la haute stature, que sous celui du mérite permis à la toison, dans de telles conditions d'élevage. J'ai lu depuis et on m'a opposé (car à quelles objections ne faut-il pas répondre lorsqu'on s'occupe de recueillir des faits de pratique agricole), on m'a opposé, dis-je, que la taille des extraits dits Naz-Rambouillet diminuait à mesure que, dans les accouplements successifs *dans le même sang*, le bélier de Naz était donné à ses filles et à ses petites-filles. J'avoue que je ne puis m'expliquer ce résultat contraire à toutes les théories connues, que par l'effet d'une diminution inaperçue dans la mesure de l'alimentation. Ici, une observation qui n'a pas été faite me fournira une réponse péremptoire.

Les mérinos importés d'Espagne (et M. Tessier en convient lui-même dans son article : « *Brebis. Cours complet d'agriculture*, page 500 ») *sont en général petites*. Or, d'où sont donc sortis les innombrables troupeaux mérinos et métis-mérinos de haute taille et à lourdes toisons qui peuplent toutes les bergeries de nos riches provinces du nord de la France, si ce n'est des croisements qui eurent lieu sous l'influence du développement des prairies artificielles, qui date de 1786, entre les petits étalons de Rambouillet et les grosses brebis picardes, flamandes, artésiennes, etc?... La cause unique de la haute stature dans ces troupeaux est due inévitablement au puissant moyen de la surabondance de nourriture qui leur a été appliqué, *sans préoccupation de prix de revient* de leurs divers produits en laine et en viande. En veut-on la preuve? Eh bien! c'est M. Tessier lui-même qui va nous la donner :

« Ayant comparé, en 1802, des béliers et des brebis de Rambouillet *perfectionnés* depuis quatorze ans, j'ai reconnu que les rapports de ces derniers avec les animaux nouvellement importés étaient, pour le poids des béliers, comme 65 est à 51, et pour celui des brebis, comme 48 est à 35; enfin, le poids moyen des béliers de Ram'ouillet était alors de 117 livres. »

Il est curieux de suivre, dans toutes ses phases, l'effet si puissant de l'alimentation, en l'isolant de tout autre moyen d'élever la taille d'une race donnée. Je n'ai pour cela qu'à mettre sous les yeux de mes lecteurs, une note que M. Bourgeois, ancien directeur de l'établissement de Rambouillet, me fit l'honneur de m'adresser le 21 juin 1835 :

« Notre bélier le plus fort pèse en ce moment 90 *kilogrammes*, notre plus forte brebis 55 *kilogrammes*, et enfin, notre plus gros agneau de six mois 46 *kilogrammes.* »

S'il se trouvait des éleveurs qui refusassent de reconnaître l'abondance de nourriture pour cause unique d'un si prodigieux développement, nous pourrions leur mettre sous les yeux les résultats d'une autre épreuve de croisement faite à Naz, *sous l'influence d'un régime tout différent*, entre les deux races les plus anciennes que possède la France. C'est M. le comte Perrault de Jotemps, ancien directeur de l'association rurale de Naz, qui va parler :

« Il s'agissait de savoir ce que deviendrait la taille des extraits de sang Naz-Rambouillet, abandonnés aux influences et aux habitudes du régime suivi à Naz, système d'estivage sur les montagnes, qui exige une race *alerte et d'une santé robuste*, à l'épreuve des brusques changements de température qui, très-souvent, au cœur même de l'été, font descendre le thermomètre de Réaumur de 25 degrés de chaleur pendant le jour, à la glace et au-dessous pendant la nuit; pâturages secs, substantiels, mais en général peu abondants; nourriture suffisante au râtelier, mais rien de plus. Or, il est naturellement arrivé que, à chaque génération, la taille *a diminué de quelque chose*; et bientôt, mais non pas tout à fait encore en ce moment, elle sera *complétement réduite au type de Naz*. Ce fait vient donc confirmer un principe qui, du reste, n'est contesté par personne, c'est que l'influence de la nourriture sur les animaux domestiques est la *plus puissante de toutes les causes.*

Encore une fois, l'erreur de M. Tessier, qui regardait les béliers de Naz comme impropres, en raison de leur petite taille, à métisser des brebis de grande race, sort claire comme le jour de l'empire des faits et de l'autorité des chiffres.

En terminant sa notice, M. Tessier a dû, sans le vouloir peut-être, jeter le doute sur les avantages incontestables de l'amélioration, par cet argument spécieux et mis bien souvent depuis à l'ordre du jour dans toutes les discussions sur la matière : « Enfin, on n'est pas assez sûr que nos fabricants paieront la laine superfine à sa juste valeur. »

— Eh bien, pour toute réponse (et je n'aurais pas craint de le demander à M. Tessier lui-même), si lorsque, avec le zèle le plus louable et avant tout le plus éclairé, il s'occupait de l'acclimatation du troupeau de Rambouillet, quelqu'un fût venu lui dire : — Monsieur, vos vues pour nous affranchir d'un tribut de trente millions envers l'Espagne, sont très-justes, sans doute, mais le triomphe de vos idées n'est pas certain ; car, enfin, on n'est pas *assez sûr* que nos fabricants paieront les laines fines à *leur juste valeur.* » M. Tessier eût continué ses expériences sans se baisser pour relever l'objection, et le mouvement des idées qui commençaient à se faire jour de son temps aurait bientôt réduit son contradicteur au silence.

On le voit, le gouvernement de la restauration, qui portait dans les petites choses comme dans les grandes le sentiment de la prospérité nationale, voulait, dès cette époque, fonder en France une pépinière rivale de la Saxe ; mais le pouvait-il, lorsque son délégué officiel revenait d'une mission spéciale avec des idées arrêtées contre l'élément décisif du progrès à réaliser.

L'école de Rambouillet , dont M. Tessier s'est montré défenseur exclusif, n'avait jamais pu arriver jusqu'alors et n'arrivera jamais au delà de la transformation de la toison commune en toison fine. A l'école de Naz seule est réservée la métamorphose de la toison fine en toison superfine. Tous les hommes posés de manière à trancher la question demandaient, sûrement alors comme aujourd'hui, que cette lacune fût comblée. De là l'erreur palpable de nos antagonistes qui, cherchant à se défendre d'une fâcheuse impulsion donnée à la production des laines françaises, croient avoir tout dit quand ils ont démontré, par l'examen de leurs échantillons et de ceux de la ferme-modèle, qu'ils égalent Rambouillet en tassé, en poids, en hauteur de mèche, en finesse même si l'on veut. Nous aurons toujours à leur répondre : mais vous êtes restés en arrière de tout le chemin fait depuis trente-cinq ans par les adeptes de l'école de Naz, et si vous nous soutenez que notre système territorial s'oppose à la production des laines superfines, c'est que vous prenez l'horizon visuel embrassé du fond des fermes de la Beauce pour les bornes de la France.

Les faits nous donnent donc gain de cause : les

chiffres vont en faire autant tout à l'heure ; mais, avant de poser les nôtres, acceptons ceux de M. le comte Héracle de Polignac, dans son adresse aux propriétaires de troupeaux, page 7 :

« Si les meilleures laines françaises ne se vendent pas aujourd'hui plus de 3 francs le kilogramme en suint, tandis que celles de Saxe et de Naz se placent à 7 ou 8 francs, ce seul fait constate leur immense supériorité. »

En lui confiant à titre d'expérience deux béliers, l'un de pure race de Naz et l'autre de demi-sang de Naz croisé Beaulieu, ainsi que le déclare M. de Polignac dans son instruction du 12 juin 1827, Charles X avait interdit, par droit de royale initiative, à l'autorité supérieure, la faculté *de repousser sans examen* le système de la haute finesse, et lorsque, l'année suivante, le roi dota l'établissement de Grignon de deux magnifiques béliers de Naz, du prix individuel de mille francs, il sanctionna, jusque sur le terrain dû à son inépuisable munificence, l'autorité morale qu'un auguste patronage imprimait à une école naissante.

Les événements de 1830, par suite des crises commerciales dont ils furent précédés et suivis, eurent pour les bergeries de Naz et le lavoir à façon de Croissy (1) les effets désastreux que ceux de 1789

(1) « Il n'est pas douteux que cet établissement, qui cessa d'exister « par des causes tout à fait indépendantes des conditions de sa propre « organisation, n'eût atteint le but si éminemment utile pour lequel il « avait été fondé, si *les événements politiques de 1830 et les crises com-* « *merciales qui les avaient précédés et qui les suivirent*, n'eussent, lors

avaient eu pour l'établissement de Rambouillet.

Nous aurons à démontrer, plus loin, l'influence décisive que la création d'un nombre suffisant de lavoirs à façon, opérant d'après les mêmes errements que celui que nous venons de citer, aurait eue sur la production des qualités de laine qui manquent à la France.

Il est à remarquer que l'opposition qui subsiste aujourd'hui, chez nous, dans toute sa force, contre les races superfines, a coïncidé, dans son origine, avec la chute de l'établissement de Croissy, survenue quelques années plus tard. C'est surtout à partir de cette époque qu'il y a eu entre les éleveurs du nord de la France et l'administration des bergeries de l'État, communauté de vues sous la pression de cette idée fixe : *production de la viande* et oubli de ce point essentiel : l'exclusion donnée aux petites races est la négation de ce programme. Les tendances que nous signalons comme un danger sont encore plus que jamais favorisées aujourd'hui par le sens donné aux concours d'animaux reproducteurs, en ce qui concerne la race ovine. On y veut, avant tout, pour me servir des termes en crédit, on y veut *des bêtes à viande*, et cette enseigne, qu'on prend pour l'expression du premier besoin de notre époque, devient le prétexte de la fausse porte ouverte à tous les abus et à tous les contre-sens.

Le jury central d'exposition compte bien dans son

« de la dissolution de l'association de Naz, *mis des obstacles* à son renou-« vellement. » (*Réflexions sur l'importance de l'amélioration des laines en France*, par le général baron Girod de l'Ain).

sein une commission chargée de statuer sur le mérite comparatif des laines soumises à son examen; mais, sans parler de ce que la question de *la quantité* l'emporte, dans ses appréciations, sur celle de *la qualité*, tandis que les exposants de types reproducteurs destinés à propager les caractères recherchés pour la boucherie sont seuls en possession d'énormes primes en argent, ceux de toisons améliorées n'obtiennent que des récompenses honorifiques très-flatteuses, sans doute; mais enfin qu'est-ce que cela pèse dans le commerce? Qu'un spécimen de forte race ovine à toison lourde et grossière semble modelé tout exprès pour le *cadre d'épreuve*, la gloire de l'éleveur ne se dissipe point en vaine fumée, et les espèces sonnantes sont là pour lui montrer, en valeurs cotées à la Bourse, le côté sérieux du concours; mais que l'exposant d'une toison *de soie* vienne lutter contre le courant des idées reçues par l'annonce positive d'un bulletin victorieux obtenu en fabrique dans toutes les phases de la manutention, depuis le *déchiffrage* de la dépouille en suint jusqu'au métrage du drap, le jury central le proclame lauréat de deuxième ordre; puis on part de là pour insérer, dans un livre que personne ne lit, la mention d'une médaille que personne ne voit. Si, malgré ces précautions prises pour ne pas alarmer la modestie du récipiendaire, celui-ci, dans un moment d'abandon, montre en confidence son prix inédit à ses meilleurs amis, à ceux, par exemple, dont les noms sont restés au fond de l'urne, ah! il ne sera pas trahi par les siens, celui-là, il peut compter sur leur discrétion...

L'abandon forcé des qualités les plus précieuses de la laine est donc aujourd'hui la conséquence immédiate des arrêts prononcés à la suite des concours généraux de reproduction. Les pièces à l'appui de cette assertion ne manquent pas, et, dans l'embarras du choix, nous allons donner lecture du jugement motivé de la commission du jury chargée de statuer, au concours général d'animaux reproducteurs de 1854, sur les étalons de race ovine, catégorie des mérinos et métis-mérinos :

« Le premier prix des béliers a été accordé au numéro 240, dont la mèche était *très-longue* et la toison suffisamment tassée pour donner *un grand poids de laine*. Ce bélier avait en outre le garrot, le dos et les reins larges ; les *muscles des cuisses descendus jusque près des jarrets*, et les jarrets très-écartés l'un de l'autre, d'où l'on peut inférer que, porteur d'une toison *de beaucoup de valeur*, il était disposé à produire des moutons *de boucherie* aussi bons qu'en peut donner la race mérinos.

Où est donc, dans cet examen, la place faite au mérite de la toison ? On nous dit bien que le bélier primé porte une dépouille de *beaucoup de valeur;* mais lorsque nous en serons, tout à l'heure, à l'examen comparatif des toisons superfines et légères, et de celles qu'on préconise à Paris en raison de leur *poids brut,* nous invoquerons le secours de quelques chiffres, qui feront pencher la balance du côté des premières. En attendant, puisque nous venons de constater l'impulsion donnée aux laines françaises par un verdict officiel, voyons-en les conséquences.

Après la distribution des prix, vient la vente publique des types reproducteurs primés. Si l'étalon que nous venons de voir tombe entre les mains d'un éleveur placé sous la zone où l'on peut faire de la laine à peigne et de la viande obtenue sans aucun souci de *prix de revient*, au poids le plus élevé *par individu*, il reste dans le milieu qui lui convient ; nous ne l'en tirerons pas ; mais tout le monde n'aura peut-être pas notre prudence, car tout le monde n'est pas en garde, comme nous, contre la fabrication de nos livres contemporains. Qu'arrive-t-il, alors? Voici ce que des investigations actives révèlent, et ce que nos recueils périodiques n'enseignent pas.

Un éleveur arrive du Berri, de la Sologne, du Limousin, du Forez, du Rouergue, du Poitou, de l'Angoumois, que sais-je? de toutes celles de nos provinces, enfin, où l'on obtiendra, dès qu'on voudra s'en donner la peine, des laines superfines à un prix de revient qui laissera une marge raisonnable au bénéfice, mais qu'on ne songera à y créer qu'avec trois auxiliaires qui n'existent pas encore : les pépinières de béliers de haute finesse aux frais de l'État, les lavoirs à façon, et les primes décernées au mérite de la toison. Cet éleveur possède un noyau de brebis de petite taille, sobres et rustiques, qui, dans toute la belle saison, reviennent chaque soir d'un maigre parcours, la panse arrondie, l'œil vif, et qui peuvent passer l'hiver sans que le lait leur manque au bout du premier mois qui suit l'agnelage, au moyen d'une ration journalière et individuelle d'un demi-kilogramme de foin de prairie naturelle ou artificielle, paille à discrétion, et addition d'un kilogramme de racines par tête, dans le cas seulement où un mauvais temps prolongé prive le troupeau de sortie pendant plusieurs jours de suite. La nature seule ayant présidé à la reproduction dans cette bergerie, les sujets qui la peuplent offrent, au premier coup d'œil, tous les défauts de conformation et tous les disparates de lainage qui accusent l'absence de la moindre combinaison agricole ou industrielle. L'éleveur a cependant fait, pour le développement du corsage de ses bêtes, *tout ce que son terrain lui a permis* et, pour l'amélioration de leurs toisons, tout ce qu'il pouvait espérer d'étalons sans cachet d'origine. Tout est donc neuf dans cette bergerie... tout..., jusqu'au sang qui coule dans les veines de ces pauvres petites bêtes grossières. Elles n'attendent qu'un type bien choisi pour doubler, dès la première génération, le prix de leurs dépouilles ; assez bien conformé pour concilier la réalisation de ces deux produits : laine fine et viande exquise, et assez rustique pour les offrir au plus bas prix de revient. Mais le propriétaire de ce troupeau n'a pas lu impunément les publications agricoles à l'ordre du jour. Ce qu'il veut, *avant tout*, c'est la *taille*. Et cette taille qu'il n'a pu obtenir, même en doublant la ration d'entretien, et cela parce que les fourrages, distribués *jusqu'à satiété*, ne contenant pas assez de principes nutritifs relativement à leur volume n'ont pas permis le développement des grosses formes.

Cette taille enfin, restée même *au fond du sac à avoine*, il commet la faute capitale de la demander à l'*étalon*, comme une qualité héréditaire. Cela posé, son choix est fait : le plus gros sera le meilleur. Il se présente comme acheteur au concours général ; il ramène en triomphe un de ces colosses exceptionnels de race ovine, si arriérés quant au mérite de la toison, si insatiables au râtelier, et si trompeurs, comme machines de guerre, dans la lutte à soutenir contre l'invasion des produits étrangers. Les curieux se pressent en foule ; l'adjudicataire leur fait remarquer, avec complaisance, les fortes proportions de l'animal, l'abondance de sa toison, la hauteur de sa mèche..... Personne, parmi les assistants, ne se doute le moins du monde qu'il y ait autre chose à demander à des moutons. L'examen est terminé : la finesse, l'homogénéité de la toison dans ses diverses parties, la proportion de prime supérieure qu'elle peut offrir relativement à son poids en suint ; tout cela est lettre close pour ces candides amateurs.

A peine, au bout de quelques années, un premier degré de sang est-il acquis, que l'événement trompe des prévisions hasardées. Ce magnifique bélier (car il est beau, au double point de vue de sa destination spéciale et de la forte race qu'il représente), ce bélier, disons-nous, n'exerce aucune influence sur la taille de ses extraits immédiats et au delà, dans une bergerie *de petite branche*. L'inflexible puissance du sol leur interdit le seul caractère recherché au prix de tous les sacrifices, et l'éleveur se voit confondu, en quelque sorte malgré lui, dans la catégorie si nombreuse des cultivateurs auxquels les lois de la nature ont donné des leçons coûteuses et sévères, pour avoir franchi, sans les remarquer, les barrières d'une zone pastorale donnée.

TROISIÈME SECTION.

Avantages présentés par les troupeaux de haute finesse, depuis le *déchiffrage* de la toison jusqu'au *métrage* du drap, et insuffisance des lois de douanes contre la concurrence des produits étrangers.

Nous entrons ici de plain-pied dans un ordre de faits pratiques qui offrent le développement naturel de quelques principes inaperçus ou méconnus par la plupart des éleveurs.

On peut considérer un lavoir à façon comme le critérium le plus infaillible qui puisse signaler aux producteurs de laines les qualités et les défauts de chaque troupeau, de chaque division de ce troupeau, et enfin de chaque bête qui en fait partie. Une épreuve aussi favorable pour la classe d'élite d'une bergerie renommée, ne peut être que fatalement décisive pour la médiocrité des animaux de dernière classe, et l'indication, numéro par numéro, dont l'expéditeur soigneux aura accompagné l'envoi de son lot au lavoir, lui donnera, à l'arrivée de la note de manutention qui précédera le compte final en argent, la mesure, cotée en valeur métallique, du degré de valeur de chaque bête.

et, par conséquent, la désignation précise des animaux de choix qui rapportent et des animaux de rebut qui coûtent.

L'éleveur inexpérimenté qui n'aura pas fait lui-même, d'avance, le classement de son troupeau, apprendra que la différence de valeur de deux toisons *du même poids brut* peut varier, selon la place qu'elles occupent sur l'échelle du perfectionnement, dans la proportion de 4 à 20, et le praticien auquel une longue habitude des troupeaux fins donne dans un triage l'ascendant d'un coup d'œil sûr, verra confirmer le choix de l'étalon et des brebis de sa tribu d'élite par des notes détaillées et fournies comme pièces à l'appui de son classement.

C'est donc le problème complétement résolu en faveur de la haute finesse et du plus haut degré d'homogénéité d'une toison ; c'est donc l'encouragement le plus efficace offert à l'émulation des éleveurs engagés dans cette voie de progrès : création des qualités supérieures avec la certitude acquise de les vendre toujours plus cher que les autres sortes.

Il suit de là que si la vente de la laine en suint, au poids brut des toisons, est supportable pour un troupeau de haute taille à toisons lourdes et de *moyenne finesse*, elle ne peut offrir que de la perte dans une bergerie d'animaux superfins qui subissent alors les conséquences forcées d'un cours déterminé par le commerce d'après des mercuriales affichées dans les grands centres de consommation, tarifs toujours réglés sur la valeur approximative de laines intermé-

diaires très-chargées de suint et dont les établissements de haute école seront toujours dupes.

On a cependant élevé contre l'unique lavoir à façon
qui ait existé en France des objections qui tombent
devant un examen attentif. On a parlé liquidation tar-
dive ; on a déployé à l'appui de cette thèse, à notre
avis peu soutenable, tout le grimoire de la correspondance commerciale ; on a parlé prélèvement de toute
nature, montant à 16 1/2 0/0, à défalquer sur la valeur
brute d'un lot de laine. Toutes les colonnes de chiffres tombent devant cette réponse si juste et si simple :
Ce n'est jamais que *le produit net réalisé*, comparé à
celui qu'on aurait eu à attendre d'un autre débouché
qu'il faut considérer, et si tel ou tel expéditeur de toisons, dont le nom serait facile à retrouver sur ses
balles, avait, sous l'influence d'un cours donné, au
lieu de 2 fr. 50 cent. à 3 fr. le kilogramme en suint
qu'il aurait pu espérer de ses acheteurs habituels, vu
ressortir, entre les mains des agents du lavoir à façon,
ses laines au prix de 4 fr. 50 cent. à 5 fr., certes, il
n'aurait pu regretter les frais de manutention en présence d'un aussi beau produit net.

Pour se former une idée exacte de l'utilité des lavoirs
à façon, qu'il ne faut pas confondre avec les lavoirs
qui fonctionnent aujourd'hui, il faut avoir appris d'une
part, à ses dépens, quelle incertitude jettent dans l'esprit des producteurs les notions vagues et souvent
même contradictoires répandues dans toutes les bergeries par les acheteurs de laine qui, chaque année,
parcourent les campagnes et, d'autre part, la difficulté

presque toujours insurmontable de rapports directs à établir entre le producteur et le fabricant.

Toutes les manufactures *ne reçoivent pas la toison*. Le petit nombre de celles qui se chargent de toutes les opérations de fabrique, depuis le *déchiffrage* de la dépouille d'un mouton jusqu'à l'apprêt du drap, consentent bien quelquefois à traiter de gré à gré, par correspondance et sur l'envoi de simples échantillons, lorsqu'il s'agit d'un lot avantageusement connu dans le monde industriel ou qu'une haute récompense à la suite d'une exposition a tiré de la foule. Mais ces favoris de la victoire une fois exceptés, l'acheteur, dans l'impossibilité *de faire reconnaître* les laines qui lui sont offertes, fera inévitablement, aux insinuations les plus adroites, cette réponse stéréotypée : « *L'échantillon ne représente pas plus la toison que la toison elle-même ne représente la bergerie.* » Et cette réponse, toute désespérante qu'elle soit, n'est cependant que rigoureusement juste pour l'immense majorité des troupeaux, dont les sujets pris individuellement offrent, sous le rapport de l'homogénéité si désirable dans la laine, ces disparates qui, en sautant aux yeux exercés, sont devenus l'obstacle décisif au mérite d'ensemble d'une bergerie.

L'intermédiaire obligé entre le producteur et le fabricant est sans doute le commissionnaire, dont le rôle passif sort tout tracé de la situation. Je dis *passif*, parce que ce commissionnaire ne fait subir à la laine aucune épreuve préparatoire au but en vue duquel elle a été produite. Il l'a reçue en suint du producteur, il la remet en suint au fabricant. Il en traite alors, à prix débattu, avec un adversaire aguerri par une longue pratique à mettre au pire les chances de rendement après lavage. J'avoue que, en présence de toisons qui souvent ne sont même pas classées par l'expéditeur, il faut au commissionnaire un grand fonds d'éloquence commerciale pour amener, à peu près à son point, un acheteur toujours en garde contre un lot qui, n'ayant pas subi l'épreuve décisive de la manutention, lui laisse dans l'esprit une incertitude toujours défavorable, quant à l'appréciation exacte de ce qu'il peut donner en sortes diverses.

Dira-t-on que les lavoirs, tels qu'ils existent aujourd'hui, tiendront lieu de lavoirs à façon ? Non, car il y a entre eux cette différence, que les premiers sont acheteurs de laine *pour leur propre compte*, et que la mission des autres, qui est beaucoup plus compliquée, se base sur les conditions suivantes : réception, déchiffrage, triage en suint, lavage à froid, triage en blanc ; emballage et vente, sans commission et garantie, *qualité par qualité*, et envoi au producteur du compte final en argent, avec l'indication du *prix réalisé*, mis en regard de chaque sorte de laine sortie des diverses phases de la manutention, depuis la première prime supérieure *jusqu'au dessous de claies*.

Il y a loin de là aux conditions d'existence des lavoirs actuels et plus loin encore de celles des acheteurs de laine en suint qui souvent, malgré des efforts très-habilement dirigés, placent leurs vendeurs les plus habiles sous le coup d'une transaction plutôt avantageuse aux lots médiocres, *qui profitent des cours sans le mériter*, qu'aux bergeries distinguées qui, en le subissant, mériteraient beaucoup mieux. Entré l'un des premiers dans la voie de la vente des laines après lavage, j'ai autrefois, pendant neuf ans de suite, adressé le produit de tout mon troupeau au lavoir à façon de Croissy. Je vais présenter dans le tableau suivant la note de manutention d'une centaine de toisons d'élite de la bergerie des Andreaux en 1835, c'est-à-dire à une époque où le bénéfice des améliorations successives réalisées depuis plaçait nécessairement ma colonie de Naz fort au-dessous du progrès obtenu aujourd'hui. Les détails qui vont suivre montreront clairement que, de tous les éléments de valeur d'une toison, le poids *brut* est *le plus insignifiant*.

Les cent toisons choisies, et qui ne pesaient en suint que 251 kilogrammes, c'est-à-dire, à peu de chose près, 2 kilogrammes 500 grammes chacune, trouvaient, en suint, le prix de 3 francs le kilogramme, sous l'influence du cours d'alors et déduction faite de 4 pour 100 de don; livraison à prendre à Chartres, avec les conditions ordinaires du commerce, ce qui eût réduit à 753 francs la valeur du lot et à 7 francs 50 centimes celle de chaque dépouille.

Voici ce qu'elles ont donné en sortes diverses, avec indication des prix réalisés pour chaque sorte, et mis en regard des diverses qualités de laine en blanc :

NOTE DE MANUTENTION

Et compte de vente d'un lot de cent toisons de la classe d'élite du troupeau des Andreaux, traitées, en 1835, au lavoir à façon de Croissy.

1re prime supérieure.	32 kilogrammes	à 18 fr.	576 fr.
2e prime.	21	—	à 16	336
Electa.	10	—	à 14	140
Jaunes surfins.	8	—	à 19	152
Jaunes fins.	11	—	à 10	110
Jaunes gros.	6	—	à 8	48
Pailleux fins.	5	—	à 4	20
Pailleux tétards, cuisses et retris.	3	—	à 2	6

Total du poids en blanc de 96 kilog. valeur brute, 1388 fr.
Frais ci-dessous à déduire. 110

Valeur nette. 1258 fr.

Frais à déduire :   fr. c.

Manutention complète de 96 kilogrammes de laine à 80 centimes le kilogramme. 76 80

Port des laines en suint d'Angoulême à Paris, et des laines blanches de Croissy à Elbeuf. 33 20

110 00

Il résulte de ce compte que l'entremise du lavoir à façon, entre le producteur et les fabriques, a élevé la valeur nette des cent toisons, comparativement à l'offre faite par les acheteurs en suint, de 750 à 1,278 fr.; et qu'enfin la valeur moyenne de chaque toison est de 12 fr. 78 c. au lieu de 7 fr. 50 c.

Si maintenant on vient nous opposer la supériorité de poids brut des toisons intermédiaires portées par des bêtes de haute taille, nous répondrons par le chiffre *du prix de revient* qui se représentera ici avec tout son poids dans la balance. Tous les praticiens sont, en effet, d'accord sur ce point, que la consommation journalière du mouton en fourrages équivaut à 3 pour 100 du poids brut de l'animal. Ils reconnaissent aussi des différences nécessaires à admettre dans cette même ration *pour le même individu*, et ils admettent ces variations qui restent toujours proportionnelles si elles s'appliquent à des sujets de grande ou de petite race, et cela, en raison des circonstances particulières de croissance, de gestation, d'allaitement, d'engraissement et enfin d'entretien. Il suit de là que si l'on peut *avec les mêmes ressources en parcours* et *en fourrage*, faire trois toisons superfines, au moins, pour deux intermédiaires qui seront au maximum de 5 kilogrammes à 3 fr., montant à 30 fr. pour les deux dépouilles, on réalisera dans le premier, au moyen de la différence qui ressort de la consommation relative des grands et des petits animaux, trois toisons à 12 fr. 78 c. s'élevant ensemble à 28 fr. 34 c. au lieu de 30 fr. dans le second.

Protestera-t-on, au sujet des troupeaux de premier croisement (au lieu de celui qui a servi tout à l'heure de base à nos calculs), contre le parallèle si modestement établi entre les deux écoles? Allèguera-t-on, par exemple, au point de vue de la quantité de viande à obtenir, que les fortes races seront plus productives sous ce rapport? Nous acceptons très-volontiers le débat sur ce terrain, et, prenant pour dernier argument les aveux mêmes de nos adversaires, nous répéterons ici ces sages conseils donnés par M. Tessier, dans son *Instruction sur les bêtes à laine*, page 500 :

« On doit rechercher les *petites bêtes* dans tous les lieux *où les pâturages sont maigres et le sol aride*. Il est de fait que, sur des terrains de cette nature, *deux cents bêtes à laine de petite taille trouvent leur nourriture où cinquante bêtes de grande taille ne pourraient pas vivre.* »

Ainsi, rester en possession de se revêtir des plus belles laines de la terre, de se caser sur les sols médiocres , d'y donner la viande la plus recherchée, tout en assurant à l'industrie manufacturière une précieuse matière première que les races ovines de forte stature lui refusent ; présenter, ainsi que vérification en a été faite à Sedan, sur les laines de Naz de la tonte de 1854, un avantage marqué *au métrage* du drap (1), voilà, au double point de vue agricole et industriel, les avantages de race superfine de moyenne taille.

Le flot montant de la population a amené, depuis quelques années, de grands besoins en viande. Qu'at-on fait pour subvenir à ce déficit? On a cru le combler au moyen d'une élévation de taille, favorisée, dans nos départements du nord de la France *seulement*, par la surabondance de la nourriture, mais obtenue aux dépens de la qualité du lainage, et impos-

(1) C'est-à-dire qu'il faut moins de laine superfine que de laine intermédiaire pour fabriquer un mètre de drap.

sible sur les deux tiers, au moins, de la superficie du territoire français.

Ce n'est pas que, dans quelques bergeries ainsi placées, la beauté de la toison n'ait été mieux comprise; mais, recherchée en même temps que la haute taille, dont elle est exclusive, elle n'a pu atteindre ces nuances délicates de superfinesse qui placent d'emblée une bergerie hors ligne. Dès lors, ces tentatives, bien que suivies avec beaucoup de sagacité, n'ont pas fait ressortir sous un jour favorable les talents bien connus des améliorateurs. Ceux-ci, en butte à la manifestation continuelle des principes reçus par leur entourage; dominés, d'ailleurs, par cette idée fixe de ne rien offrir, dans leurs ventes particulières, qui restât au-dessous du volumineux développement acquis à Rambouillet, à Moncaurel et à Alfort, se sont découragés; ils ont renoncé à la superfinesse, qui trouvait autour d'eux tant de détracteurs et si peu de juges, et, en définitive, ils ont échangé des types dont la supériorité importunait tout le monde, contre d'autres dont la médiocrité ne fait ombrage à personne.

Ici s'est élevé un grave incident : quelques éleveurs ont adopé trop légèrement les idées favorables à l'application de la vapeur au drap, et se sont fait illusion au point de croire que l'introduction de ce procédé rendrait à peu près nul l'emploi des laines superfines.

De cette question subsidiaire, jetée sur la pente du débat, est résulté un échange de communications répétées, entre les producteurs et les fabriques. Tous les manufacturiers consultés ont été unanimes dans leurs réponses, formulées dans les termes suivants ou leurs équivalents :

« La vapeur, sagement appliquée, donne au drap un grain plus fin et du brillant; mais elle *dessèche* les laines et ne peut, par conséquent, lui communiquer la douceur et le moelleux qui manquent, aujourd'hui, aux neuf dixièmes des troupeaux français. »

Cette note, extraite textuellement d'une volumineuse correspondance avec MM. Laffon et Pilard, commissionnaires en laines à Sedan, prouve que la vapeur n'est pas douée de la précieuse propriété de faire des primes de Naz avec des dessous de claies.

Les programmes officiels, publiés périodiquement à l'occasion des concours généraux, portent tous, il est vrai, l'annonce de primes offertes à une catégorie de moutons dits mérinos et métis-mérinos. Mais, à qui l'expérience n'a-t-elle pas mille fois montré qu'il ne s'agit là que de Rambouillet et de ses colonies? L'administration des bergeries de l'État a, depuis un demi-siècle, jugé les mérinos impossibles partout où le type de Rambouillet l'a été et le sera toujours. Elle a, jusqu'ici, repoussé, sans examen (puisqu'aucune épreuve n'a été faite sur un terrain convenablement choisi), le bélier superfin de moyenne taille, en rapport, naturellement indiqué, avec vingt-cinq millions de petites bêtes à laines grossières, *qu'elle a laissées* à *l'état de nature.* C'est de là que sortent les réponses les plus justes à toutes les questions agitées, sous di vers titres, dans tout ce qui a été dit, fait et écrit sur les troupeaux mérinos français; voilà pourquoi l'étude de la laine n'est pas aussi avancée, en France, que dans les autres États de l'Europe; voilà pourquoi le prix de la viande de mouton a subi une hausse prévue et qui ne touche pas à son terme. C'est, en un mot, à l'exclusion prononcée, contre les races superfines, par le programme de tous les concours, qu'est due l'insuffisance de notre production en laine à la suite de notre déficit en viande.

Nous présentons avec confiance ces vues à l'administration supérieure, parce qu'elles repoussent avec énergie tout système qui tendrait à affaiblir nos forces productives, en présence du développement de celles de l'étranger.

Nos contradicteurs nous ont reproché de n'avoir pas prévu quelle serait un jour la propagation rapide des races superfines en Russie, en Allemagne et en Australie, et ils avouent naïvement que le type mérinos de forte taille, porteur d'une toison de moyenne finesse et *abondamment nourri*, ne convient *qu'aux pays fertiles*. Qu'ils nous disent donc alors ce que doivent faire les éleveurs dont l'industrie s'exerce hors de la sphère des vingt et un départements classés par la géologie comme appartenant aux terres *grasses et riches*? Mais ici les arguments traduits en chiffres se présentent d'eux-mêmes à l'appui d'une thèse qui n'a d'autre danger que celui de perdre de sa clarté sous l'entassement des preuves; soixante-cinq départements sur quatre-vingt-six, disons-nous, ne peuvent nourrir que le mouton de moyenne taille. Eh bien, cette toison superfine que vous voudriez faire passer pour l'étiquette d'un objet perdu, parce que vous ne pouvez pas, parce que vous ne devez pas vous en occuper aux environs de Paris, nous la demandons, ici par l'*appareillement*, là par le *croisement*, à ce petit mouton assez sobre pour n'exiger en retour qu'une ration journalière équivalant à 3 pour 100 de son poids vif.

Pour vous, il est vrai, la question des laines doit trouver sa solution dans des droits d'entrée et de sortie sagement pondérés. Mais d'abord le recours au tarif protecteur, que vous invoquez comme votre dernière planche de salut; ce tarif, dis-je, même lorsqu'il a atteint son apogée, a coïncidé (et le fait n'a échappé à personne) avec un cours qui a laissé vos laines intermédiaires non-seulement au-dessous de la concurrence des produits étrangers, mais encore au-dessous de celle qui a été exercée contre vous par vos plus dangereux émules : *les améliorateurs placés au dedans des frontières*, qui n'avaient rien à craindre de l'effet des mesures de douanes.

Ainsi, élevez ou abaissez toutes les barrières; invoquez ou repoussez la préemption; maintenez ou supprimez le drawback; retirez ou faites jouer l'échelle mobile; toutes les manufactures vous diront : tant que le système qui conduit à la création de produits supérieurs en qualité se fera jour, au plus bas prix de revient, sur un point accessible du globe, ce système sera maître de l'avenir.

Voyez, tandis que tout marche autour de nous, la position que nous a fait perdre un temps d'arrêt dans la carrière du progrès : à l'intérieur, nos grossières laines à carde, dont l'emploi n'est plus désormais assuré, auraient pu recevoir une indispensable métamorphose. Que de larges concessions de terrain accordées en Algérie amènent quelque jour une colonie de Naz sur cette terre où la Restauration, après de brillants faits d'armes, nous a légué la facilité de fonder à nos portes ce que les Anglais sont allés chercher si loin d'eux, à la Nouvelle-Galles, la France, profitant du sommeil de la Péninsule, peut défendre, par droit de supériorité de ses primes, aux Léonaises de franchir le détroit de Gibraltar.

Vous nous parlez tous les jours d'une surabondance de production.... Vous allez même jusqu'à insinuer que le Continent ne soutiendra pas la lutte avec le Nouveau-Monde. Eh bien, lorsque l'Allemagne se retirera du concours, nous aurons une dangereuse rivale hors de combat. Mais tant qu'elle restera en lice, et la dernière Exposition universelle nous a donné une assez juste mesure de ses forces pour nous faire pressentir qu'elle y restera longtemps, nous aurons à attacher des moutons de haute finesse à notre agriculture.

Si enfin, la Saxe, l'Autriche, la Prusse et la Russie sont devenues des centres de production désormais trop importants pour que leurs produits restent privés de sortie, pourquoi la France ne les imiterait-elle pas? Pourquoi, par exemple, ne s'adresserait-elle pas, après avoir satisfait aux demandes de l'intérieur, aux manufactures belges et anglaises?

Qu'a-t-elle à faire pour cela? Imprimer à ses toisons le cachet de la haute finesse : c'est le meilleur passeport à l'étranger.

———

QUATRIÈME SECTION.

On entend dire tous les jours que la nature a été
inutilement contrariée par l'art dans les modifications
apportées aux formes des animaux domestiques, et
que ces traces de servitude, plus sensibles encore chez
les races qui, par leur utilité, ont attiré, depuis un
demi-siècle surtout, l'attention des divers peuples de
l'Europe, tendent à substituer des avantages chère-
ment achetés à des beautés naturelles qui ne coûtent
rien.

L'étude de la race ovine étant plus particulièrement
devenue le texte d'assertions semblables, je m'atta-
cherai ici à les réfuter, et j'aurai pour excuse, en
touchant à cette question, le but de démontrer que
de savantes combinaisons agricoles ou industrielles
finissent toujours par forcer les auxiliaires naturels

de l'agriculture à répondre aux besoins nés de la civilisation chez les peuples policés.

Il y a, dans les animaux domestiques, deux sortes
de beauté qu'il ne faut jamais confondre : la première
est celle qui serait reproduite, avec avantage, dans
une description poétique ou dans un tableau, et la seconde est l'indice des qualités utiles chez l'animal réduit à l'état de domesticité.

Si un peintre et un poëte avaient à représenter des
moutons dans une pastorale et dans un paysage, ils
ne retraceraient probablement ni une colonie de Naz
ni un troupeau Dishley.

Les deux artistes, marchant à la recherche de ces
beautés de convention qui plaisent aux esprits délicats par le mérite de l'imitation de la nature, offri-
raient une esquisse gracieuse, dans laquelle ils ne se
proposeraient peut-être aucun genre de beauté en
particulier, pour les atteindre tous à la fois. S'ils
avaient charmé les yeux ou l'imagination par l'aspect
du beau idéal d'un type exempt de l'empreinte des
soins intéressés de l'homme, ils sortiraient l'un et
l'autre de cette épreuve contents d'eux-mêmes comme
de leurs juges, et personne, que je sache, n'a jamais
songé à demander à Galatée si son compte de bergerie
se balance en bénéfice. Mais, tout à coup, la scène
change : ces animaux que nous venons de voir dans
une églogue ou dans un tableau, se trouvent trans-
portés chez un peuple industrieux, chez nous, par
exemple, pour y répondre aux exigences d'une civilisation avancée et d'une population dont le chiffre pro-

gressif met toujours en défaut le dernier recensement. Deux éleveurs, qui se sont proposé chacun un but différent, ont fait, à prix d'or, et aussi loin qu'il le fallait, le choix du type analogue à leurs vues. Les deux agents améliorateurs sont importés, avec pleine connaissance de cause, de deux points opposés de l'horizon. L'un traverse le Pas-de-Calais, l'autre franchit les Pyrénées. Le premier s'arrête dans la vallée d'Auge, le second au pied du Jura.

L'introducteur du Dishley embellit-il beaucoup la sous-race qu'il forme à l'aide du sang anglais, en lui donnant une tête rapetissée à force d'art, au point de disparaître, pour ainsi dire, entre de larges épaules, et des jambes grêles et courtes qui fléchissent sous le poids d'un corps énorme et cylindrique ?

Pas plus, certainement, que l'améliorateur du mouton espagnol n'embellit le mérinos en lui dépouillant le cou de ces nappes flottantes d'une peau épaisse et de ce fanon plissé qui donnaient à ce bel animal un aspect fier et imposant.

L'éleveur fait sans peine le sacrifice de ces beautés naturelles, qui ne lui rapporteraient rien, à l'empire qu'il veut prendre sur la dépouille de l'animal, dont il commence par amincir la peau, parce qu'il a saisi, au premier coup d'œil, les rapports intimes à établir, par la perfection des alliances, entre l'enveloppe flexible du corps d'un mouton et le caractère imposé au brin de sa laine.

Si, maintenant, les deux artistes dont je viens de parler regrettaient une métamorphose qui les prive de modèles à exposer sur la toile ou en beaux vers, les deux agronomes répondraient : nous n'avons pas travaillé comme on l'aurait fait pour offrir des sujets à la plume de Florian ou au pinceau de Greuze ; nous avons, tout bonnement, spéculé, l'un sur les caprices du luxe, l'autre sur les exigences gastronomiques et, assurément, cette double tendance est assez prononcée en France, dans toutes les classes de la société, pour nous donner gain de cause.

Je ne pense pas, Messieurs, qu'il se trouve des artistes disposés à réfuter cet argument. S'il en était cependant qui refusassent de se rendre à l'évidence d'une démonstration toute prosaïque, il resterait à leur rappeler qu'Horace a posé en vers pleins de sens et de finesse de sages limites au droit qu'il accorde aux peintres et aux poëtes de tout oser.

Les peuples civilisés sont donc les seuls qui puissent, en vue d'un but déterminé, exercer un empire absolu sur les animaux et leur imprimer des caractères en rapport avec tels ou tels services spéciaux réclamés par le mouvement continuel des idées du genre humain vers le bien-être, et assurés par le progrès de l'agriculture.

Une peuplade sauvage qui vit de sa chasse, qui se revêt de peaux de bêtes, qui réalise le tableau que Sandamis faisait à Crésus de l'armée des Scythes, ne démêlerait jamais le sens de ces premières lignes d'un programme à écrire sur les portes de nos exploitations rurales : « Empire de l'homme sur les animaux. » Qu'entendrait-elle, cette horde sauvage, par cette dévise, si expressive pour nous? Rien autre chose que le triomphe du despotisme, préparé par la ruse et assuré par la force.

Ces aperçus une fois acceptés, sont le point de départ de l'idée que nous devons nous faire de la beauté réelle de chaque race d'animaux domestiques. On n'a émis, de nos jours, des idées si étranges sur la beauté du mouton, que parce qu'on a souvent oublié que le plus beau n'est autre chose que *le plus utile*. Si donc une colonie de Rambouillet doit offrir, avant tout, ce caractère de vigueur et de haute stature qui, dans la pensée de beaucoup d'éleveurs, constitue seul la beauté, ne perdons pas de vue qu'il ne suffit pas que le haut degré de perfectionnement, atteint par une colonie de Naz, efface, dans une note de manutention, les traces du passé, il faut encore qu'il l'accuse, ce passé, par la plus haute moyenne de tous les produits qu'une race ovine quelconque puisse offrir sur une surface où les fortes races ne pourraient ni prospérer ni vivre.

Tel est, réduit à sa plus simple expression, le programme que l'éleveur de bêtes superfines doit avoir présent à l'esprit, lorsque, préludant au classement annuel de son troupeau, il ouvre la première toison. Pour procéder par ordre, discutons, avec lui, le choix du bélier. L'éleveur, dont nous connaissons déjà le but, veut à coup sûr *le plus beau*. Mais, si l'étalon de son choix ne fixe pas le nôtre, au double point de vue des formes et du lainage, nous aurons alors à dire, à l'homme du métier, quelques mots de pratique, dans la bergerie même, pour achever d'identifier nos idées avec les siennes.

A la toison, d'abord : c'est, à l'heure qu'il est, le plus pressé; car améliorer le plus possible toutes nos laines à carde, c'est appuyer l'industrie pastorale du côté où elle penche.

Pour constituer une race de pur sang, et, par conséquent, douée de *constance*, c'est-à-dire apte à se reproduire semblable à elle-même, et à surpasser, avec le temps, le type premier qui, au point de départ, a été pris pour modèle, il faut que cette race se perpétue exclusivement en *famille*, c'est-à-dire sans aucun mélange de sang étranger, et que les alliances aient lieu au degré de consanguinité le plus rapproché. C'est la marche qui, au moyen d'un régime uniforme appliqué, de génération en génération, à une série d'individus, conduit le plus directement à la ressemblance. Naz et Rambouillet, qui se sont constamment reproduits *par eux-mêmes*, sans admission d'étalons étrangers, Rambouillet depuis 1786, Naz depuis 1798, sont les deux types les plus anciens que possède la France; et le haut degré de mérite qu'ils ont atteint l'un et l'autre, dans des voies différentes, mais indispensables à suivre, en raison des qualités diverses du sol sur lequel ces deux races sont nourries, parle assez haut en faveur du système de reproduction *en dedans*.

Si l'influence de la brebis, dont nous aurons à parler tout à l'heure, se porte, en majeure partie, sur les formes extérieures de l'extrait, dont elle est le *moule*, l'action de l'étalon agit avec intensité sur la toison, pourvu que cet étalon soit de haute origine. Mais, s'il ne sort pas d'une famille ancienne, d'une famille qu'une longue habitude d'alliances consanguines a douée de constance de sang, l'influence que ce bélier exercera sur les caractères de ses descendants ne sera plus la sienne propre (fût-il doué d'un magnifique extérieur), car, son type n'étant pas *fixé*, ce bélier reproduira la toison plus ou moins défectueuse de l'un de ses ascendants.

Ce peu de mots suffit à l'explication des retards, des déviations constatées tous les jours dans les bergeries où l'on a cherché à améliorer la qualité des laines, sans prendre en considération l'ancienneté de sang de l'étalon. La première chose à lui demander est donc une généalogie irréprochable, et, si l'on n'est pas en droit de l'exiger dans un troupeau où *les habitudes de sang sont récentes*, il faut alors, sur-le-champ, réformer les étalons et adopter le système de reproduction *en dehors*; en un mot, introduire, dans la bergerie, un type étranger sûr *par son ancienneté même* et remarquable par la beauté de son lainage; et cela, soit qu'il s'agisse de la transformation d'une toison commune en toison intermédiaire, ou de celle d'une toison fine en toison superfine.

Mais ce bélier de haut sang, ce bélier qui, par suite de la vie en famille, a acquis la faculté de transmettre à son extrait une toison au moins égale, et même quelquefois supérieure à la sienne, s'il est *appareillé* avec une brebis de sa race, ou de ramener, *avec le temps*, la toison grossière de la brebis commune avec laquelle il est *croisé*, aux qualités de lainage qu'il possède lui-même ; ce bélier, disons-nous, doit être éminemment doué du mérite de la toison ; car, autrement, il transmettrait ses défauts à ses descendants, avec d'autant plus de certitude, qu'il aurait, sur les brebis soumises à son approche, l'avantage d'une ancienneté de sang incontestable, mais qui agirait alors en sens opposé au but de l'amélioration. Or, le perfectionnement de la toison consiste en deux points principaux :

1° La superfinesse, qui comprend tous les caractères de douceur, d'élasticité et de moelleux ;

2° L'homogénéité de forme dans toutes les parties de cette toison. On comprend que ce dernier caractère est d'autant plus difficile à obtenir que le perfectionnement du corps de la toison est lui-même plus avancé. Il est ensuite des surfaces peu importantes, en raison de leur étroite limite : le cou, l'arrière-croupe et la cuisse, qui, même chez les sujets des classes supérieures d'une bergerie en progrès, se montrent les plus rebelles de toutes au perfectionnement. Cependant, nous avons vu, dans le troupeau-modèle de Naz, en assistant au classement d'une division de béliers d'élite que nous étions chargé de placer dans les établissements de la *Casa Reale* du royaume des Deux-Siciles, des exemples vivants d'une parfaite homogénéité de superfinesse, sur ces mêmes surfaces regardées comme inaccessibles aux efforts de l'art. Hors de là, et en descendant d'un degré la classe d'animaux à apprécier, la laine du cou se faisait remarquer par l'aspect lisse d'une mèche un peu plus longue, et celle de la cuisse par un désordre produit dans le parallélisme des brins, par le contact de la litière pendant le repos de l'animal.

Il est rare qu'une toison superfine présente dans le caractère des brins qui concourent à former chaque mèche, un aspect complétement lisse. La qualification de *laine plate*, employée dans la pratique comme l'expression la plus juste d'une laine sans ondulation, ne répond presque jamais à la désignation d'une sorte avancée vers le perfectionnement. Les ondulations les plus nombreuses et les plus imperceptibles, par conséquent, sur une longueur donnée du brin, seront donc toujours la mesure la plus exacte de l'appréciation d'une belle laine *à carde* ; et si, dans la recherche de ce dernier caractère, l'éleveur a acquis assez d'expérience pour ne pas le confondre avec le *vrillé* du brin, toujours exclusif du tassé véritable, c'est-à-dire du plus grand nombre de brins de laine croissant sur un espace donné de la peau, et attestant par leur parallélisme et leur réunion en mèches *fermées* à la surface extérieure de la toison la régularité de leur crue, il sera sur la voie des indices les plus significatifs d'heureux résultats *de déchiffrage en suint*. Mais un œil exercé ne bornera pas là son examen. Il est loin d'être indifférent, cela va sans dire, qu'une dépouille en suint ne rende au lavage que 10 0/0 de la *sorte à laquelle elle a été classée*, ou qu'elle donne 80 0/0 de cette même sorte. Il suit de là que deux toisons classées l'une et l'autre en première prime supérieure par le *déchiffrage*, qui est la première épreuve à laquelle les soumettra tout lavoir à façon, peuvent avoir une valeur toute différente, puisque l'une offre cette qualité précieuse dans la proportion de $\frac{33}{100}$ de son poids, et l'autre dans la mesure insignifiante de quelques grammes seulement.

Touchons maintenant à cette grande question des formes du bélier : le choix qui vient d'être fait, nous met sous les yeux un agent améliorateur très-sûr. Eh bien! pour ne pas rester sous la fascination, bien pardonnable d'ailleurs, d'une aussi riche dépouille, oublions-en, pour un instant, le mérite. L'arrêt que nous porterons sur la conformation du bélier, n'en sera que plus impartial, et l'expression de nos exigences en tout ce qui a trait aux indices de la santé, de la vigueur et de la rusticité relative de l'animal, n'en deviendra que plus accentuée.

Nous nous rappelons que le milieu dans lequel vivra notre bélier, que l'influence du régime applicable à ses extraits, ne nous permettent pas de lui demander de la taille. Nous savons encore que la haute stature n'est pas toujours accompagnée des belles formes, et nous n'avons pas oublié non plus que, s'il se trouve dans le lot destiné à ce bélier, des brebis plus fortes que les autres, nous leur devrons les *plus gros* agneaux, mais non pas, peut-être, les *plus beaux* agneaux, ce qui est bien différent.

Ici, nous devons ajouter que la savante théorie de Henri Cline, de Tulley de Cowentry, etc......, a été consultée dans la bergerie des Andreaux, depuis vingt-cinq ans que le sang de Naz y a été introduit, et qu'elle a prouvé une fois de plus, là comme partout, la convenance de s'arrêter, toutes conditions de succès étant égales d'ailleurs, au choix de béliers relativement plus petits que les brebis.

Nous ne songeons, en aucune manière, on le sait déjà, à fournir, à l'occasion d'un concours général, le type reproducteur imposé à *toutes les bergeries françaises*, par droit de *volume et de poids individuel*. Pas le moins du monde... Ce serait changer une question à plusieurs faces en un débat d'intérêt local. Sobriété, vigueur, rusticité, puissance d'assimilation, voilà les caractères les plus saillants à réunir dans le porteur de la belle toison que nous venons de reconnaître. Eh bien! pour tout praticien, les indices certains de ces qualités sautent aux yeux dans les petits étalons de premier choix, et la première de toutes, la sobriété, est même leur apanage exclusif. L'étalon approuvé sera donc proclamé *beau* aux signes suivants :

Tête. . . . . { petite et sans cornes (1).
caroncules lacrymales très-saillantes et d'un rouge vif.

Cou. . . . . { gros.
court et sans fanon.

Corps. . . . . trapu et près de terre.

(1) Ce ne doit être cependant qu'à mérite égal qu'on peut donner la préférence au bélier sans cornes. Il serait dangereux de sacrifier à cette amélioration secondaire l'avenir d'une bergerie. C'est ici le lieu de faire remarquer que le cas de port laborieux est beaucoup plus rare dans les établissements où l'on emploie exclusivement des béliers à cornes.

Dos. . . . . { droit et sans le moindre abaissement de la colonne vertébrale sur les reins.

Abdomen. . . . . peu développé.

Garrot. . . . .
Poitrail. . . . . { larges.
Et surtout reins. . . . . .

        N. B. Ce dernier signe d'une bonne conformation accompagne toujours le développement des poumons, indice certain de la puissance d'assimilation donnée à l'animal.

Lèvres. . . . .
Langue. . . . . { exemptes de taches noires.
Gencives. . . . .

A ces signes généraux, ajoutons quelques observations particulières :

Ce n'est pas sans motif que nous avons proscrit les cornes. D'abord, les ligaments intérieurs nécessaires au soutien de ces excroissances osseuses, ne se développent chez le mouton qu'au préjudice de la masse de chair, et ensuite elles absorbent une portion de la nourriture qui pourrait tourner au profit de la viande nette.

Voici, à cet égard, le compte rendu de quelques expériences qui valent mieux que tous les raisonnements.

Des béliers de la variété *inerme*, mis simultanément en expérience avec des étalons armés de cornes, dans des loges séparées où ils recevaient, *dans la même proportion*, une distribution journalière de fourrage, de racines et d'avoine fort au-dessus de la ration d'entretien, ont présenté, au bout de deux mois, à l'examen comparatif qui a eu lieu, une différence précisée dans le détail suivant :

Chez les béliers inermes, l'engraissement touchait à son terme, à fort peu de chose près, et se manifestait par le développement, pour ainsi dire complet, de la pelotte de graisse placée au-dessus de la pointe de l'ischion.

Les béliers à cornes, au contraire, étaient en bon état de chair, mais rien de plus, et annonçaient, à la poitrine seulement, les premiers indices de l'état de graisse qui n'apparaissent qu'à une période plus avancée de l'engraissement à la partie postérieure de la croupe.

En cherchant à m'expliquer, par un examen plus attentif, cette différence tout à l'avantage de la variété inerme, j'ai remarqué que, dans la seconde catégorie d'animaux, les cornes, qui végètent avec une force inaccoutumée sous l'influence d'une nourriture très-abondante, présentent, dans ce cas, l'aspect d'un rouge vif qu'on ne trouve pas, au même degré, chez les béliers de cette variété soumis à la ration ordinaire d'entretien. Il est hors de doute que les cornes n'acquièrent leur développement qu'au préjudice de celui de quelques autres parties du corps de l'animal où se forme la viande la plus abondante.

Personne ne relèvera sérieusement la circonstance de béliers soumis à la ration d'engraissement. Il ne s'agissait pas là d'une question *de viande à livrer à la consommation,* mais bien d'une épreuve tendant à établir ce principe : les moutons issus de béliers à cornes seront toujours, à mérite égal sous le rapport des formes, d'un engraissement moins prompt que les moutons issus de béliers inermes, lors même que les premiers ne porteraient que de faibles rudiments d'excroissances osseuses, dont le développement est toujours arrêté par la castration faite de très-bonne heure, dans le but de la faire concourir, avec d'autres causes, à la production d'une viande d'un *grain fin* et d'un goût délicat.

Ce n'est pas non plus sans y avoir mûrement réfléchi, que nous proscrivons tout bélier porteur de taches noires aux lèvres, à la langue et même aux gencives. Des épreuves faites avec soin et longtemps continuées, m'ont démontré que cette tare est héréditaire, en ce sens que les taches s'étendent plus ou moins sur le corps même de la toison des extraits. C'était, chez les anciens, une idée très-accréditée et dont Virgile s'est rendu l'interprète dans ces vers du troisième chant des *Géorgiques* :

« Illum autem quamvis aries sit caudidus ipse,
« Nigra subest ùdo *lantùm cui lingua palato*,
« Rejice ; ne maculis infuscet villera pullis
« Nascentum, pleno que alium circumspice campo. »

Nous n'insisterons pas sur la réprobation qui, dans notre pensée, doit frapper les jambes grêles. Ce caractère est exclusif de la rusticité, et l'animal qui le présente à un degré très-marqué, n'est propre qu'au régime des enclos.

On le voit : le portrait de notre bélier offre peu de traits de ressemblance avec ceux qu'on encadre dans nos modernes musées agricoles. Mais s'il constitue le premier élément d'un progrès auquel ne peuvent songer nos plus riches provinces ; s'il concourt à mettre au plus bas prix possible la laine la plus belle et la viande la plus délicate sur l'immense étendue du territoire français, qui n'a rien à attendre, en raison de la nature de son sol, du magnifique étalon de Rambouillet, si précieux dans sa sphère, notre petit bélier sera proclamé *beau, par droit d'utilité*.

Hâtons-nous aussi, en terminant, de relever comme dangereux le conseil si légèrement donné aujourd'hui dans beaucoup de bergeries, d'employer, en vue de la création de races trop nouvelles pour être encore *fixées*, des béliers dont les habitudes de sang sont toutes récentes. Cette idée qui, en ce qui a trait à l'éducation des mérinos, fut imposée aux premiers améliorateurs, dans l'enfance de l'art si compliqué de l'élevage, a pris sa source dans des considérations qui seraient aujourd'hui de nulle valeur. Daubenton l'avait acceptée comme une nécessité de son époque, et de là, sans doute, l'erreur de Gilbert. La thèse est aujourd'hui jugée, et la pratique est d'accord avec la théorie des meilleurs éleveurs français et étrangers, pour démontrer, par des exemples saisissants, qu'une généalogie irréprochable doit être exigée de tout étalon approuvé, fût-il doué, je le répète, d'un magnifique extérieur. Hors de là, les croisements les plus judicieux en apparence ne feront que juxtà-poser, sans les fusionner, les caractères opposés de deux races distinctes. La famille de l'agent améliorateur devra être la plus ancienne des deux si l'on veut qu'elle exerce une prédominance que vient ensuite fortifier le mérite individuel de l'étalon ; et cela en vertu d'une loi de la nature, dont le titre n'est bien défini que par l'énergie de l'expression anglaise : *High blood stallion sbreed back*. Ce mot composé, qui n'a pu dépasser le détroit, au delà duquel il n'a pas d'équivalent, ne se traduit dans notre langue que par cette périphrase : *Les étalons de haut sang reproduisent les caractères de leurs ascendants* (mot à mot : *engendrent en arrière*). Mais, dans tous les idiomes propres à l'échange des idées, sur tous les points accessibles du globe, le principe exprimé par cette formule est incontestable.

Mais, au moment où nous nous occupons de nous affranchir d'un tribut de soixante millions payé à l'Allemagne pour les laines fines seulement, on nous demande, avec un imperturbable sang-froid, à quel besoin de la société répond le type de laine superfine pour lequel nous réclamons une place au soleil ? Notre réponse va sortir d'un rapide examen des faits.

Toutes les fois que, pour s'assurer si la reproduction des troupeaux français a été *partout* dirigée dans une voie profitable aux intérêts généraux du pays, on interroge le mouvement de la population ovine, on constate bien vite les effets désastreux du système dominant que l'exemple des bergeries de l'État, toutes dirigées, depuis un demi-siècle, vers le but de la haute taille, a imposé jusqu'ici à la masse des propriétaires de troupeaux.

Je vais remonter un peu haut pour arriver à l'examen comparatif du nombre de moutons que nourrit aujourd'hui la France, relativement à celui qu'elle nourrissait il y a trente ans; eh bien, le nombre est resté, à fort peu de chose près, stationnaire.

Il résulte des tableaux de recensement, publiés par M. Ternaux, en 1828, que l'on comptait alors vingt-neuf millions deux cent-quatre mille moutons. Aujourd'hui, les derniers documents statistiques n'élèvent notre effectif qu'à trente-cinq millions. On serait embarrassé de savoir si le degré d'infériorité dans lequel la toison a été abandonnée chez nous a pris ici toute la fâcheuse influence qu'on peut raisonnablement lui attribuer. Si M. le comte Perrault de Jotemps, ancien directeur de l'association rurale de Naz, n'avait présenté, il y a quelques années, au Conseil général d'agriculture à Paris, un lumineux exposé de situation, d'où il résulte que les animaux perfectionnés, porteurs de toisons au moins égales aux électorales de Saxe, se montrent en France comme un point dans l'espace, au nombre de cinq mille seulement.

Vous voyez, Messieurs, que si le système de la haute finesse n'a pas reçu chez nous le développement qu'il mérite, puisque le nombre des bêtes de laine de haute distinction n'a augmenté que de fort peu de chose en trente ans, la préférence accordée aux grosses formes (qui encore n'ont pu être acquises que dans les bergeries de vingt et un de nos départements) n'a été nullement favorable à l'accroissement de la population ovine, puisque les chiffres officiels montrent que, dans le même laps de temps, l'effectif des moutons

français ne s'est accru que dans la proportion insignifiante de cinq millions quatre cent quatre-vingt-
seize mille.

Pour rendre plus évidente encore toute la part que
le défaut d'encouragement à accorder en France au
mérite de la toison a prise sur ce fâcheux résultat, si
nous jetons un coup d'œil sur l'étranger, nous remar-
quons que la Prusse, par exemple, qui, chaque année,
se rend compte de l'effectif de sa population ovine,
n'avait, en 1840, que onze millions de moutons, et
que, aujourd'hui que le progrès de la toison y a marché rapidement, elle en possède seize millions.

Maintenant, quant à la question de savoir si, *partout où nous le pourrons*, en France, nous avons à
marcher dans la même voie, il n'y a qu'un mot à dire :
l'industrie manufacturière qui met la toison en œuvre
a marché; il faut bien que l'agriculture qui produit
cette même toison marche aussi. Et voilà précisément
ce que ne veulent ni voir ni entendre les implacables
adversaires du progrès de nos laines, qui en sont
encore à nous répéter, comme il y a trente ans, dans
leurs gros livres, que les laines superfines sont *d'un
usage peu répandu.*

Mais ce n'est pas seulement en Europe que des
millions de consommateurs échangent, tous les jours,
des vêtements grossiers contre des tissus fins et
moelleux. Ces tendances, que la civilisation imprime
au luxe, feront le tour du monde. Des comptoirs fon-
dés à New-York, en concurrence avec la Belgique et
l'Anglerre, ont déjà ouvert d'importants débouchés à

la draperie française. Ce mouvement a déjà fait explosion en Chine, où des draps écarlates, violets, bouton d'or, tous de qualité supérieure, popularisent, à Canton, deux noms inséparables : Naz et Sedan.

Ici, Messieurs, se présente un argument que je ne demanderai pas à la spécialité ; j'aime mieux le devoir au bon sens public.

Je suppose qu'un homme du monde, un touriste, si vous voulez, qui, certes, ne serait ni éleveur, ni laveur, ni fabricant, qui ne serait jamais entré dans une bergerie, qui n'aurait jamais ouvert une toison ; mais que l'étude, la lecture, les voyages, un heureux contact avec l'élite de tous les pays, auraient rendu familier avec les idées qui ont cours partout en économie politique, fût interrogé, par les habitants du Céleste-Empire, sur les éléments de la production de ces beaux tissus, et qu'il fût réduit à une assez complète abnégation d'orgueil national pour avouer, le doigt posé sur la carte de France, que son pays est à la veille de laisser échapper le secret de sa prospérité lainière.

Vos laines, lui dirait-on, seraient-elles, par hasard, surpassées par d'autres ? — Non, car nos éleveurs français viennent de montrer tout à l'heure, à l'occasion de trois expositions universelles, que leurs produits ne le cèdent, ni sous le rapport de la beauté, ni sous celui de toutes les qualités requises, à aucun des produits de l'étranger, et ils ont prouvé que la France pourra, *quand elle le voudra*, offrir à l'industrie ces belles primes *en quantité suffisante*. Mais, lorsque les laines superfines nous manquent, les sortes intermédiaires sont les *seules encouragées*. — Il faut alors que de fâcheuses influences du sol ou du climat aient étouffé chez vous la production des qualités supérieures, qui seront toujours les plus rares et, par conséquent, les plus chères, ou, enfin, que des obstacles, nés de la topographie, s'opposent à l'exportation de vos produits? — Non, la France est, après l'Italie, placée dans le plus beau ciel de l'Europe; les mers qui la baignent lui ouvrent, sur plus de 400 lieues de côtes, l'accès des plages les plus lointaines; mais, avec de si précieux avantages, nous avons trop légèrement ajouté foi aux insinuations de certains économistes, beaucoup plus habiles qu'on ne le pense; ils ont persuadé à la foule que des laines de haute finesse, *qui vont de France en Chine*, sont d'un usage *peu répandu*.

Cherchons donc notre premier élément de solution dans l'avenir qu'une bergerie de l'État, où le type de Naz serait sérieusement représenté, offrirait à l'agriculture et à l'industrie.

La première condition de succès serait le choix judicieux du terrain.

Une circonscription agricole déjà peuplée de nombreux troupeaux communs de moyenne taille, qu'il s'agirait *d'affiner sans les grandir*, voilà le théâtre de l'expérience projetée.

Faire de l'une de nos provinces un centre de production rival de la Saxe; marcher à grands pas, sur ce terrain, vers l'affranchissement de l'énorme tribut payé à l'Allemagne, voilà le but à se proposer.

Faire marcher de front, par le croisement du bélier superfin de haute origine, *et bien conformé dans sa petite taille*, et de la brebis indigène, la production de la laine et de la viande.

Constatons, en passant, que le poids individuel obtenu dans tous les établissements dirigés dans le sens de la haute stature, répond bien plus directement à la masse des besoins en viande, dans tous les grands centres de population, qu'à la délicatesse du goût des hautes classes. Aussi, tandis que l'énorme métis Dishley va rassasier des estomacs robustes creusés par l'exercice et le travail, le gigot des Ardennes conserve, sur l'étalage de Chevet, un rang justifié par la préférence que lui accorderont toujours les palais délicats.

Mettre à la portée d'un plus grand nombre de consommateurs la viande la plus recherchée, sans rien perdre *sur la quantité de cette viande*, sera donc un bienfait dû à la propagation des petites races ovines, toujours écartées, *dès qu'elles sont fines*, par le programme officiel des concours de reproducteurs, ou repoussées sous la pression du droit d'octroi *par tête*, qui leur a si longtemps fermé la porte de tous les marchés.

Si maintenant, la carte à la main, nous cherchons dans un rayon peu étendu celles de nos provinces qui se livrent le plus en grand à l'éducation des moutons de petite taille, dans les conditions pastorales qui viennent d'être décrites, les départements du Cher et de l'Indre se présentent, au premier rang, comme champ d'épreuve.

Sur un tel sol, la direction éclairée de l'établissement-modèle, en offrant, dans son enceinte, l'enseignement mis en pratique, et en surveillant, au dehors, des croisements bien dirigés, recommanderait, sans crainte d'infraction aux règles tracées, l'adoption littérale de ses principes.

Là, elle n'aurait point à prémunir les éleveurs contre ces excès de taille considérés, à juste titre, par nos rivaux d'outre-Rhin, comme autant de déviations de l'affinement du lainage. Là enfin, elle trouverait *dans le sol même* la garantie d'une imitation fidèle et quelquefois heureuse de son exemple.

A ces aperçus généraux, si nous ajoutons, pour la circonscription pastorale indiquée, un programme de primes accordées *au mérite de la toison*, à l'instar de celles qui, à Poissy, sont décernées aux animaux les plus parfaits de conformation et de graisse, nous réaliserons, en faveur de nos départements du centre et du midi de la France, le bienfait de l'amélioration que Rambouillet a si heureusement réalisé en faveur de la riche circonscription agricole qui avoisine la capitale.

Le programme des primes à décerner en vue de l'amélioration des laines propres à la draperie, offrirait, pour première garantie de la compétence des juges du concours, une commission spéciale, composée d'agents d'un lavoir à façon modèle et d'éleveurs mis hors de concours par une mention de supériorité, après avoir épuisé la série des récompenses nationales.

Si, de l'esquisse d'un plan ébauché, nous passons à l'examen sommaire des résultats à obtenir, que voyons-nous ?

Substitution graduelle de la race mérinos perfectionnée là où vivent encore de nombreux troupeaux communs ; acquisition d'un type précieux par les deux tiers du territoire français, auxquels resteront toujours inapplicables toutes les imitations si infidèles et si coûteuses, nées du mirage exercé par des prodiges de race ovine artificieusement soufflés, et qui semblent porter pour enseigne : « *Spécialité de boucherie, dispense de finesse.* »

De ce programme sortira une position nettement dessinée. Deux systèmes trop longtemps rivaux et désormais incompatibles cesseront de se heurter, pour porter sur le terrain qui leur est favorable, les fruits que la France a droit d'en attendre. A chacun seront renvoyés ses antécédents et sa mission.

A l'école de Rambouillet : la haute taille.

A celle de Naz : la haute finesse.

Plus de débats possibles sur la laine et la viande. Si, enfin, le dernier produit qui, bien plus encore que la création des laines à peigne, préoccupe les cultivateurs placés près d'un foyer de consommation tel que Paris, y devient exclusivement recherché, eh bien, les héritiers des doctrines de Naz diront aux adeptes de l'école anglaise :

« Plus de rivalité entre producteurs qui marchent par des chemins différents à un but opposé ;

« La géologie élève entre nous la plus puissante

7

de toutes les barrières, celle des lois de la nature ;

« A vous le nord de la France ;

« A nous le midi ;

« Vos rivaux sont en Angleterre ; les nôtres sont en Saxe ; nous prenons pour aréopage les Chambres consultatives des manufactures ;

« Vous, le Syndicat de la boucherie ; nos juges sont à Sedan ; les vôtres sont à Poissy. »

Je vous le dis avec conviction, Messieurs : à dater du jour où un tel langage sera possible, on verra tomber le voile qui couvre la question tout entière, et l'administration supérieure se convaincra, au prix de quelques avances consacrées à frayer à l'industrie nationale la route indiquée par les exigences de la société, que, sur un terrain bien étudié, les victoires de l'intelligence ne coûtent rien à l'esprit français.

FIN.